香草系生活

王梓天◎著

電子工業出版社
Publishing House of Electronics Industry
北京·BEIJING

写给十年前的自己

香草最早于20世纪90年代在日本风靡，由于当时的日本经济破灭，失业率上升，生活压力变大，于是人们需要一种可以慰藉心灵的东西，香草就在这种情况下出现了，并且很快流行起来。到了2000年左右，中国台湾也开始流行起来，但在中国大陆，即使是现在，很多人还以为香草只是一种冰激凌的口味，这是由于对香草缺乏了解引起的，我希望通过自己的绵薄之力为香草的推广出一份力，因为一旦你喜欢上了香草，那便是一辈子的事情。

我常说与植物相处是最令我感到愉快的事情，与香草结缘算起来也有十年光景了，这期间我从一个什么都不懂的门外汉逐渐变得专业，这个过程我很享受。

还记得最早种植的一种香草是薄荷，那一年我17岁。正好我家对面开了一家园艺商店，有一次路过就进去看了下，琳琅满目的植物吸引了我，仿佛进入到一个植物的王国，令我十分着迷。值得一提的是，那家园艺商店只售卖种子，并不出售植物盆栽。看到种子包装上那些好看的植物图片我立马就心动了，那几天每天都往那家商店跑，前后花了大约两百多块钱买了很多种子。坦白说，当时的我并没有钱，还只是个学生，也就是从那时起我的零用钱几乎都花在了植物上。当时我选的第一个植物就是薄荷，或许是因为吃过薄荷味口香糖的原因吧，反正就是很喜欢那种清新的味道。后来我看到种子介绍上说，薄荷是十二星座中射手座的守护植物，而我正好是射手座，觉得蛮巧的，心想或许这是薄荷与我有缘吧，于是我开始了种植生涯，并且在可遇见的未来我会一直持续下去。

这么多年过去了，不管什么类型的植物我都种过，但最喜欢的还是香草。正是由于对它的喜欢，以至于每每在朋友面前提到香草时总是会滔滔不绝地说个不停。曾经和台湾的一位香草老师Julia深入探讨过香草，她也是个十足的香草迷，或许在别人看来香草平淡无奇，但我们却可以那么喜欢或者说是痴迷。其实Julia姐和我都认为香草和别的植物不一样，它是一类可以治愈心灵、给我们带来温暖的东西，Julia姐还把它称为是第六感植物。当你上了一天班回到家中，身心疲惫地躺在沙发上的时候，饮一杯刚采下的迷迭香泡的香草茶，立刻会一扫白天的疲倦，而感冒的时候喝一杯热的薄荷茶则会有好转的迹象。在芳香疗法中，很多精油都提取自香草，诸如薄荷、迷迭香、百里香、澳洲茶树、薰衣草、玫瑰、马郁兰、罗勒、芫荽，等等。香草的神奇之处在于当我们闻到它的气息时，它的气场已经开始影响到我们的心情乃至能量场了，这就是为什么很多用香草提取的精油可以用于治疗忧郁症的原因。如果你觉得这些显得很高深，那是因为香草在心灵方面的作用让你有这种感觉，其实香草也可以很亲民，和蔬菜一样，我们可以把它变成我们餐桌上的佳肴或者为美食增添风味，也可以制成天然的护肤品，这样你就更能感受到来自香草360度全方位的呵护。

我很感谢我的这些植物，也很感激十年前的自己，如果没有当初的那种喜欢与冲动，或许我不会感受到香草带给我生活上方方面面的变化。我只想对当年的自己说一声：谢谢，谢谢你爱上了香草。

王梓天

2014.12

CONTENTS | 目 录

香草迷情
第　一　章

香草爱美食
第　二　章

CONTENTS | 目 录

香草爱美丽

第 三 章

1 CHAPTER 第一章 香草迷情

一棵香草从播种开始，一个生命从一粒种子萌发，等待让浮躁的心得以沉淀。

——梓天

大自然是一个宝库，她孕育着各种生命，但直到现在我们都无法了解她的全部。她赐予我们万物，然后我们可以运用这些馈赠制成各种美食或日用品或装饰品，从而使得万物能在我们的生活中起到更大的作用。其实，在大自然所拥有的众多生命中，我独爱植物，而在各种植物中，我又特别迷恋香草。

我在《小阳台大园艺》一书中曾提出过一个理念，一个存在于心中多年的理念，那就是让园艺融入生活，很欣慰的是现在我已经能听到很多朋友会说这句话了，可是怎样才算是真正地让园艺融入生活呢？我想没有比亲手种植一些香草，然后将它们应用在生活的方方面面更美好的事情了。或者即使你没有时间或者心情在自家阳台上种几盆香草，也可以在超市或者花店买一些花的干品或者鲜品来做成各种美食或者各类护肤品，这样也是享受大自然清香的一种方式。

很多朋友都说我是个细心并且有耐心的人，我从来不否认这一点。一棵棵香草在手中从一粒粒小小的种子长成一盆盆郁郁葱葱的植物，这些都是需要耐心才能做好的事情。但其实很多人并不知道，我以前是一个极粗心且急躁的人，在孩童时代开始这一问题就存在着，这也直接反应在我的数学课上，自从上了高中我就觉得数学是一门很恐怖的学科。一道题目如果几分钟内做不出来我就会开始烦躁，就算会做也经常因为粗心而做错，我也深知这一缺点，但就是没办法改掉。大约在2005年的夏天，南方湿热的天气令每一个路人脸上都挂满了汗水，于是，我和一个朋友躲在新华书店看书。不经

// 薰衣草是香草家族中的明星。

// 停留在香蕉薄荷上的蝶，让人不禁感叹一花一世界。

// 收获的莳萝可以腌渍黄瓜，吃起来别具一番风味。

// 这是加入小茴香的牛肉煲仔饭，口感就是不一样！

// 在煎培根芦笋的时候加入迷迭香可以使食物更具诱惑力。

意间翻到了一本日本的园艺书，看到里面那些各式各样美丽的盆栽，以及作者用这些植物的叶子泡茶或者制作手工皂，十分赞叹……我至今还记得那种先是被好奇吸引随后被震撼到继而又被感动到的感觉，这种混合起来的感觉令我向往，我想这也是幸福吧，这种幸福正是来源于我后来所理解的园艺生活。也正是那种感觉让我在大夏天里犹如进入到一个世外桃源，在这个新世界里存在着各种美丽与美好，而这些美好吸引着我。当时的我也许并不知道，正是那一瞬间的感触令我对园艺、对生活有了新的认识，虽然当时我并不懂什么叫园艺，更不懂什么是生活，更不会知道从此以后我会为过上自己想要的园艺生活而不断努力，直到现在。

我想要随时看到自己种出来的植物那开花的一瞬间，想要在某个睡眼朦胧的清晨随便摘下一片叶来泡茶喝，想要在我希望下厨的时候有一些植物可以帮食物增添别样的风味，我更想有一天可以利用植物制作天然的护肤品，而这一切所想都为我指明一个方向——香草。也只有香草才能满足我上述的需要，于是我开始成为国内最早一批玩香草的人之一。

然而，刚开始种植的时候我可谓一个十足的“植物杀手”，不管什么样的香草，在我手里总活不过一个月，当然这还不是最主要的问题，真正的问题是当时比较难买到香草种子。2005年的时候很少有人会通过网络来购物，而在实体店中又买不到想要的种子，这确实是一件非常尴尬的事情。因而，那时的我几乎是到了花市只要看到有香草种子就会立刻买下，因为老板说种子不好卖，卖完就不会再进货了。于是，在拿到种子后，我开始播种，刚开始育苗绝对是个大问题，因为前面说过我是个没有耐心且粗心的人，经常因为缺乏耐心而将小苗扼杀在萌芽状态，即便有侥幸存活的也因为我日后的疏于管理而死亡，或是因为忘记写标签牌而同杂草混为一坛。最终，在培育这些幼苗的同时也培养了我的耐心与细心。为了让香草可以更好地存活下来，我专门用一个本子从播种开始记录它们的档案，遇到不懂的问题就及时翻阅书籍，这样也丰富了自己的知识，同时培养了我管理方面的能力。于是在我不懈的努力与悉心的照顾下，那些香草们开始逐渐变得粗壮了。

// 利用收获的薄荷制作成薄荷酱，再配上点心，就是一顿很好的下午茶。

看到香草队伍越来越庞大，我又开始寻思着该如何去运用它们了。刚开始只是泡茶，后来简单的香草茶已不能满足我了，于是开始尝试着在烹饪食物时加入香草，因为之前喝惯了香草茶，所以做出来的食物味道我都可以接受，渐渐地香草就变成了餐桌上不可或缺的一部分，如同对葱、姜、蒜的依赖一样，我不可抑制地喜欢上了点缀有香草的美食。现在的我实在是无法想象如果没有香草那将会少了多少美味。除了会用香草制作料理外，拥有美丽的肌肤也是很多人尤其是女生的梦想，但现在市面上出售的护肤品中添加了很多防腐剂、抗菌剂等其他添加剂，为了遮盖这些添加剂的气味，我在其中加入了香精，这也是很多人为什么在用了多年化妆品后皮肤却越来越差的原因。而且，有的人原本不是敏感肌肤也因为接触了过长时间的化学添加剂而变得敏感，这也是我们看到身边敏感肌肤的朋友越来越多的原因。在这种情况下，我就萌发了一个想法，用自己种的香草制作天然护肤品，要知道每种香草都有着自己独特的功效。在西方香草叫 herb，也可以翻译成“药草、药用植物或者功效植物”，但是显然还是香草这个名字听起来更浪漫一些。于是，通过查阅大量国外资料，我掌握了古代西方人在没有化学添加剂的情况下如何制作护肤品的方法，这些方法虽然有些古朴，有的甚至很简单，也因为没有香精所以有的味道不太好闻，但是无法否认这些方法都是最健康、最天然的，我将自己这些年制作的方法总结下来记录在这本书中，希望能与大家一起分享。

很多人问我你种过那么多香草，自己最喜欢的是哪种？在我眼中，优秀的香草必须符合两个条件：1. 能吃；2. 能用。凡是符合这两个条件的香草，在我眼中都是好的香草，因为我实在无法舍弃任何一种香草的特殊气息，而每种香草与生俱来的香味更像是一杯杯令我魂牵梦萦的美酒。种植香草的这些年，逐渐习惯了在很多中式料理中也加入它们，现在的我无法想象如果没有香草，餐桌将会变得多么单调，而味觉又会少了多少乐趣。渐渐地，我习惯了在烧鱼的时候加入罗勒，烤羊排的时候加入迷迭香，烤鸡的时候则使用百里香……有一次家父在烧了一道

// 自己种植的接骨木开花了，经过熬制后可以制成天然的眼胶，具有恢复眼部活力的作用。

泡椒牛蛙后我吃了总感觉少点什么，后来回想起来是没有放罗勒。总之，香草是一种不知道便罢，一旦用了就再也离不开的植物。

每种香草都还有着对人体有益的保健作用，2008年的时候，父母都去了外地，我一个人在家重感冒，喉咙很痛，找出家里现有的药却发现都过期了，虽然小区门口就有药店，但我实在不想出门，突然想到我种植的香草中，薄荷可以治疗感冒，另外百里香对于消除呼吸道炎症也非常有效，于是我采下这两种植物的枝条泡茶喝，连续喝了一天，第二天就全好了。从此以后，香草茶就成为我备加推崇的天然饮品，每个到我家里来的朋友我都会用新鲜叶片冲泡的香草茶招待他们。于是，在我的影响下，这帮朋友们都多了一个饮用香草茶的习惯。这也是为什么我在众多植物类型中独爱香草的原因，多肉虽然好看，可惜不能吃，草花固然美丽可是没有保健作用，而拥有香草则所有的问题都能迎刃而解。

对于最开始接触并用香草制作美食的朋友来说，往往会有这样或者那样的担心，最常见的问题就是会担心加入了香草后食物吃起来不习惯。这里就牵扯到一个量的问题，初次使用香草制作料理可以参考我书中的配方给出的量来制作，一般人都是可以接受的。如果觉得口感淡或者不明显，那么下次制作的时候可以酌量增加一点，慢慢地你会中了香草的魔力并逐渐爱上它。

// 用柠檬马鞭草制作的水果冻，光是看着就已经很有食欲了吧！

// 在寒冷的冬日，点一根利用薰衣草制作的手工蜡烛，我想没有人不爱它。

还有人问每天都吃这些香草会不会中毒？其实，这些香草对于西方人来说就像我们用的葱、姜、蒜一样，他们每天用香草制作料理，而我们每天也都用葱、姜、蒜来丰富我们的味觉，没听说哪家出现过因为天天在菜里加入这些东西而导致中毒的情况，所以我们大可不必有这样的担心。

现在再回过头来说说我所理解的园艺生活。什么是园艺生活？并不是每个种花的人都懂园艺，从花鸟市场买一盆盆栽回来放着不管的大有人在，这是园艺么？当然不是。如我开篇所说，要让园艺融入生活。怎么才叫融入生活？就是在我们生活的方方面面都用到它。如果种了香草却不去使用它，在我看来实在是有点暴殄天物，虽然说的有点夸张，但真的是这样，种了香草而不去用它就好比买了冰激凌却不去吃一样。当你开始食用

// 想知道用肉桂和迷迭香煎的带鱼是怎样一种味道吗？那自己动手来做吧！

// 收获的玫瑰花瓣，可以用来制作玫瑰花糖或者将其入浴，泡个玫瑰花瓣澡真的可以让皮肤变好哦！

// 使用澳洲茶树制作的手工皂既具有天然洗面的效果又有控油的功效，是夏季的必需品。

// 香草是一种迷药，一旦开始用它，将再也无法忘却。

香草、饮用香草茶、利用香草制作护肤品的时候，香草才算是完完全全融入到了生活中，这也就是我说的让园艺走进生活。

现在，园艺对我而言，已经成为我生活中不可或缺的一部分，甚至可以说是融入了我的生命。几乎可以断言，在此后的人生中，园艺将一直陪伴我，我爱的香草也将丰富着我的人生，为我带来一颗宽慰的心。我也愿香草为你们的生活开拓一片新天地！

2 CHAPTER

第二章 香草爱美食

既然知道了香草有这么多用处，亲爱的你们是不是已经开始心动了呢？那接下来就要进行实践喽。即使我们没时间、没兴趣自己亲手种植香草，也可以在市场上将香草买来作为一种工具使用。如果喜欢香草的味道，可以在花市上购买几盆现成的香草放在家里，这样只要烹饪的时候想用，就可以随手摘一些。当然也可以在超市购买香草干品，既可以直接泡茶喝也能用在烹饪中。所以，即便我们没有种植香草的爱好，只是单纯喜爱香草的味道，也可以利用它来做出我们想要的各种东西。让我们尽情享受香草的诱惑，感受香草的魅力吧！

薰衣草

薰衣草可能是最被大家熟知的一种香草了，很多人在还不知道香草的时候或许就已经知道了薰衣草。而且，薰衣草几乎成为了浪漫的象征，很多女孩子都梦想能置身于一大片薰衣草庄园中，感受它极致的温柔。无数电影中的浪漫镜头都会出现薰衣草的身影，开满紫色花朵的薰衣草几乎没有人不爱它。同时，薰衣草也是当今世界上种植面积最广的一种芳香植物，人们通常会对薰衣草花朵进行蒸馏以获得薰衣草精油，然后将其加入到很多护肤品以及香水中。此外，薰衣草做成的很多美味也极受大家欢迎，尤其是女孩子。不管是做成冰激凌，还是蛋糕，都别有一番风味。这种口味的食物吃起来美美的，而且还能感受到它的浪漫气息。

薰衣草小知识

适合种植的场所：朝南的阳台、窗台或者花园

对光照的要求：强

对水分的需求：中等，待土干了再浇水

利用的部位：花朵、叶片

应用的领域：香草茶、美食、护肤品、香水、芳香疗法

薰衣草手工冰激凌

每年的五六月，是属于薰衣草的季节。每到这个时候，我就会用薰衣草做出各种各样的美食，享受它带给我的味觉体验。这是一款利用我自创的配方做出来的冰激凌，它有着浓浓的薰衣草味，那独特的口感让人回味无穷。灵感来自于以前在北海道看到的薰衣草冰激凌，也是淡淡的紫色，可惜当时没有吃到，于是在薰衣草季节，我就自己做了一个，以满足自己的味觉需求。

所需材料

淡奶油 150g

细砂糖 30g

牛奶 150g

朗姆酒 2 大勺（30ml）

新鲜薰衣草枝条 2 根

薰衣草花若干

紫薯粉 2 小勺

（10ml，选用，主要用于染色）

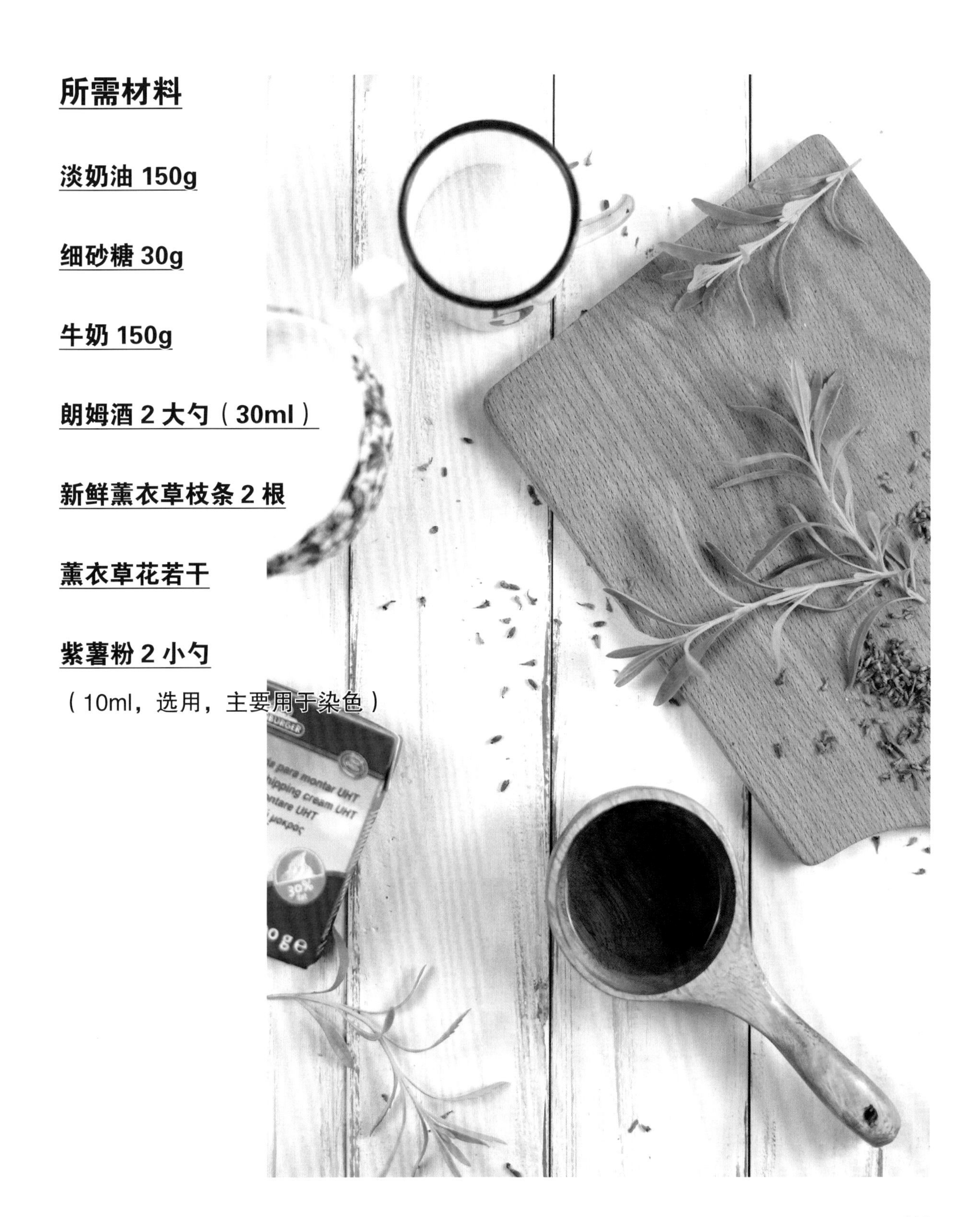

制作步骤

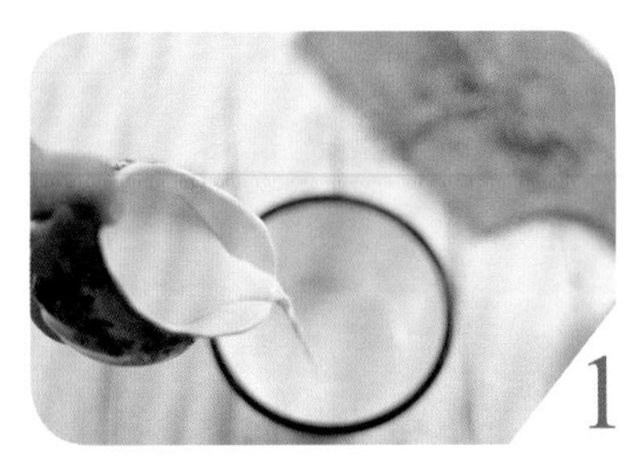

┣ 准备一个稍大的容器，锅碗都可以，大一点就行，然后将牛奶倒入。

┣ 再在容器中倒入淡奶油。

┣ 再加入朗姆酒，朗姆酒分为黑朗姆和白朗姆，是加勒比一带的特色酒品，这里我选用的是黑朗姆，因为黑朗姆闻起来更香醇一些。

┣ 在其中加入新鲜薰衣草枝条。我这里选用的是英国薰衣草，关于薰衣草的品种需要说明一下，虽然大部分品种的薰衣草都可以食用，但最好选用诸如英国薰衣草、法国薰衣草、甜薰衣草这些经典食用品种，因为有些薰衣草品种只能用来观赏并不适合食用，例如羽叶薰衣草。

┣ 再在上面撒一点薰衣草花，因为薰衣草花的香气最浓，所以非常适合加入到甜品中。

┣ 再加入细砂糖，然后放到炉子上加热至沸腾，值得注意的是，加热的时候必须在旁边看着，因为奶油受热后非常容易溢出来。

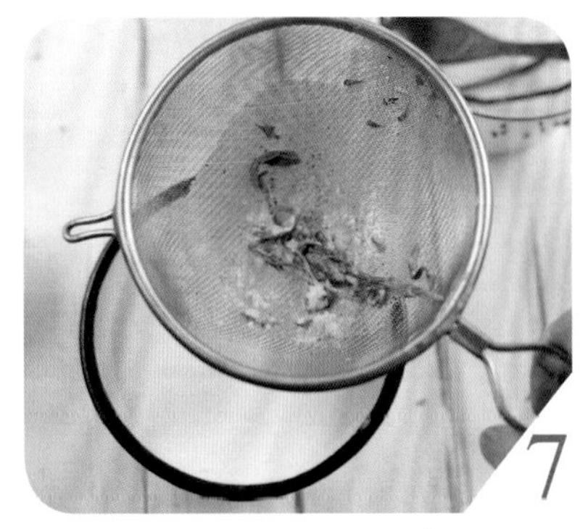

┣ 待冷却后用筛子过滤掉薰衣草花及枝条，此时薰衣草的香味已经完全融入到奶油中去了。

┣ 如果想让冰激凌变得更好看，可以在这里加入两勺紫薯粉，紫薯粉能起到天然色素的作用，可以做出淡紫色的冰激凌，这更容易让人联想到薰衣草，当然，此步骤可以忽略。

9 搅拌均匀后放入冰箱冷冻室中，每隔一小时拿出来用勺子翻搅五分钟，然后再送入冷冻室，如此反复二至三次就可以了。

10 第二天取出来就可以大快朵颐啦！我想说，这是我吃过最香的冰激凌。

悠闲时光

如果想要获得绵软的口感就一定要在冷冻一小时后进行充分翻搅，当然用电动打蛋器效果会更好。很多人问我为什么我做出来的薰衣草冰激凌是淡淡的紫色，而他们做出来的却是乳白色的，是不是在里面添加了什么色素。在这里给大家透露一个小窍门，可以让你的薰衣草冰激凌也呈现出美丽的淡紫色，那就是在冷却后的冰激凌液中加入少量紫薯粉，然后搅拌均匀。因为我想吃到最天然的冰激凌，所以不用色素，那么紫薯粉无疑就成为最好的选择了。

薰衣草糖

将散发浓郁香气的薰衣草花制成花糖是一种很古老的保存薰衣草的方法，其实以前人们更多的是将新鲜的薰衣草用糖腌渍，然后加入到甜品中，不过这样制作起来相对麻烦一些。这里采用的方法比较简单，只要在干花上加细砂糖就可以了，整个过程不超过五分钟，非常方便快捷。

所需材料

细砂糖 350g

薰衣草花 10g

制作步骤

┣ 用勺子把细砂糖舀一部分放在玻璃糖罐中，将其底部铺满。

┣ 在细砂糖上均匀地铺一层薰衣草花。

┣ 再在薰衣草花的上面覆盖一层细砂糖。

┣ 重复上述步骤，继续在细砂糖上放一层薰衣草花，之后再铺一层细砂糖，直至填满玻璃糖罐。

悠闲时光

这个糖罐在制作完成后可以保存很久，而且时间越久薰衣草的香味越能融合进细砂糖中。一般，放置一个月后就可以使用了，能用来制作甜品或者加入到食物中调味。如果不想将薰衣草花吃到嘴里，在使用的时候，可以用面粉筛将薰衣草花筛出来，只利用细砂糖即可。

薰衣草香醋

薰衣草香醋非常特别，浓浓的醋香中带着淡淡的薰衣草味，相信闻到这样味道的人会情不自禁爱上它。如果吃惯了米醋或者陈醋，不妨自己做一瓶这样的薰衣草香醋，尝尝不同的味道，体会一下不一样的感觉。一般来说，糯米醋酸度比较高，怕酸的人可以适量加入一些薰衣草糖，这样味道更鲜美。

所需材料

糯米醋 280ml

薰衣草干花 3~5g

（或新鲜薰衣草枝条两根，长度 10cm 左右）

制作步骤

1

┝ 将薰衣草干花或新鲜薰衣草枝条放入玻璃瓶中。

2

┝ 小心地将糯米醋倒入玻璃瓶中，要把薰衣草完全浸入到醋里。

3

┝ 如果是干花，可将玻璃瓶口用木塞盖住，握住瓶身，用力摇晃几次，这样可以帮助醋更快地浸入到薰衣草花中。

4

┝ 第二天你会发现，薰衣草香醋变成了非常好看的玫红色，打开木塞闻一闻，香味非常舒服。

悠闲时光

在使用薰衣草香醋的时候，只要倒出来一点就可以了，我一般会放到小碟子中蘸着吃，当然也可以根据口味自己选择吃法。

薰衣草蛋糕

喜欢薰衣草的味道么？那么仅仅是薰衣草醋、薰衣草糖肯定不能满足一个真正喜欢薰衣草味道的达人，最好是把薰衣草的味道带入到烘焙中，这样可以给自己制作的食物多一些美味，而且似乎在烘焙的过程也多了一丝浪漫。

所需材料

黄油 80g

面粉 100g

薰衣草糖 60g

鸡蛋 1 个

泡打粉 1/4 小勺

新鲜薰衣草枝条 2 根

薰衣草花 1 小把（作装饰用）

薰衣草花茶 20g

制作步骤

├ 将新鲜薰衣草枝条剪下，用清水过一遍，洗去灰尘，然后等待风干。

├ 小心地切下黄油，和新鲜薰衣草枝条放入同一容器中。一般，黄油会冷藏保存，所以在使用前一小时拿出来切好放在室内回温，而剩下的黄油再放入冰箱冷藏，如果想长时间储存黄油则需要冷冻。直接从冷藏室里取出的黄油切起来很轻松而且不会很黏腻。

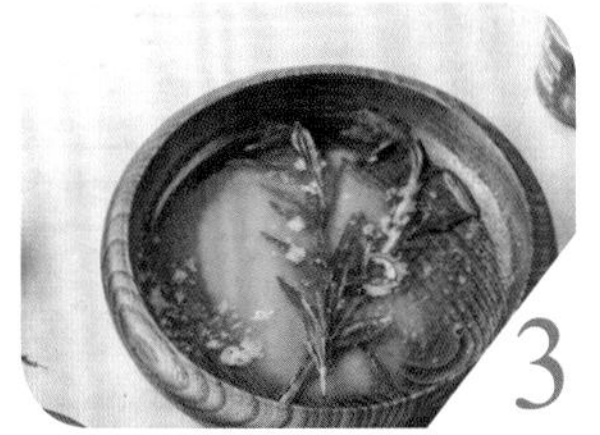

├ 将步骤 2 中的新鲜薰衣草枝条和黄油放入微波炉里转一分钟，黄油在高温下会融化，而且还会带入薰衣草的味道。

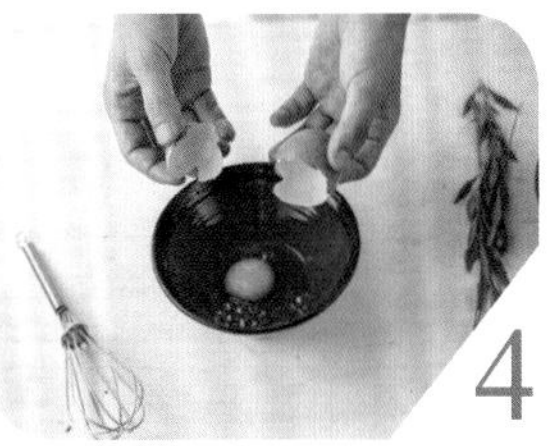

├ 将准备好的鸡蛋打碎在碗里。

├ 用打蛋器把鸡蛋打散。

├ 这时候用筷子将新鲜薰衣草枝条夹出来。

├ 待黄油冷却后用打蛋器打发，一定要等到黄油冷却为固体后再打发，因为液体状态下的黄油是不会被打发的。

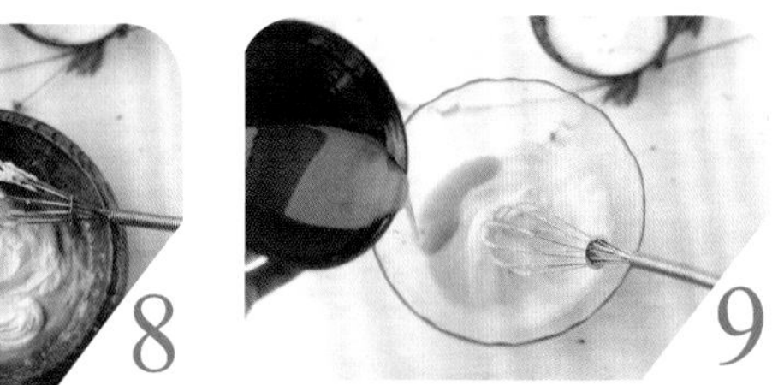

├ 打发的黄油应该会呈现出一种奶油状，颜色也会变成浅黄色。

├ 在打发的黄油中分两次倒入鸡蛋液，第一次倒入后要彻底搅拌均匀，这样才能继续倒入鸡蛋液。

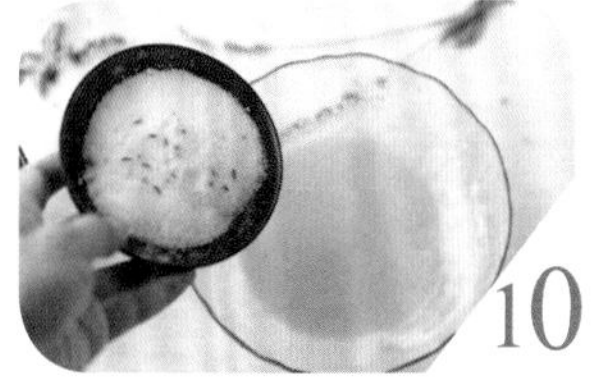

├ 这时候我们前面制作的薰衣草糖也可以用上了，将薰衣草糖加入。

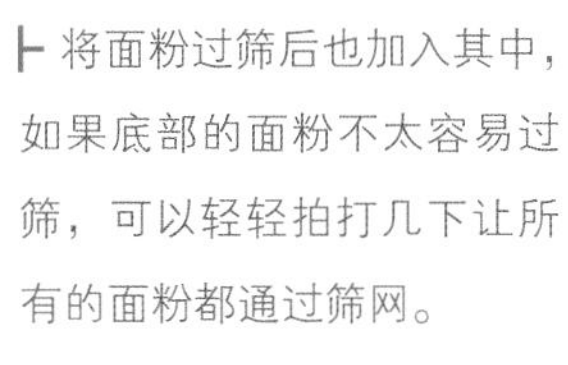

├ 将面粉过筛后也加入其中，如果底部的面粉不太容易过筛，可以轻轻拍打几下让所有的面粉都通过筛网。

├ 再加入泡打粉，并用刮刀将其搅拌均匀。

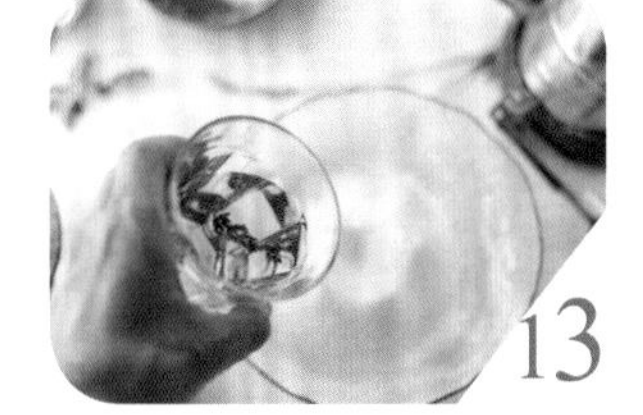

├ 倒入提前泡好的薰衣草茶，我是用整枝薰衣草冲泡的，比较容易捞出来，如果是用碎干花泡的则要用筛网将薰衣草花筛出。

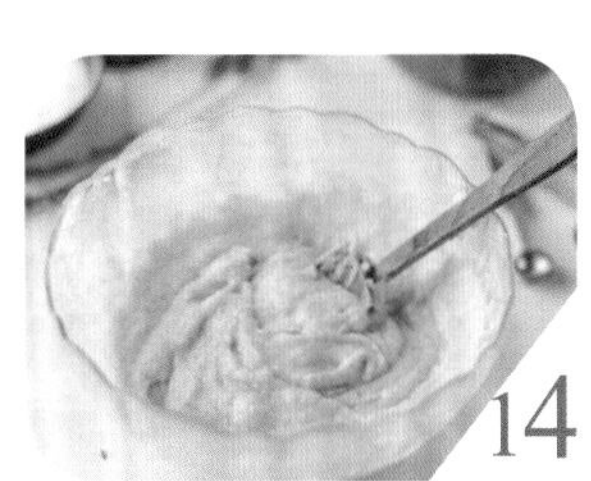

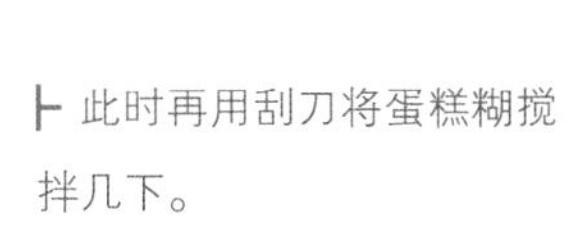

├ 此时再用刮刀将蛋糕糊搅拌几下。

├ 将搅拌开的蛋糕糊小心地倒入蛋糕杯中，蛋糕糊填至纸杯高度约八九分满即可，也可撒上一些薰衣草花作为装饰。

├ 烤箱 180 度提前十分钟预热，然后将蛋糕杯送入烤箱。

├ 约 15 分钟后，若蛋糕表面烤至金黄就可以从烤箱中取出来了。

悠闲时光

总体来说，这款蛋糕在操作程度上并不算太难，而且加的这些材料中，虽然黄油、细砂糖、薰衣草茶都含有薰衣草的香味，但是经过烘焙后味道并不会十分浓烈，相反比较清淡，吃起来也不会觉得过于芳香。

牛至

牛至原产于地中海沿岸，尤以希腊出名。因为常常被加入到披萨中，所以也被称为披萨草。总体来说，牛至的气味不那么强烈，故而在与肉类搭配的时候不妨多加一些。牛至的主要品种有希腊牛至、甜牛至、黄金牛至。

牛至小知识

适合种植的场所：朝南的阳台、窗台或者花园

对光照的要求：强

对水分的需求：中等，待土干了再浇水

利用的部位：叶片

应用的领域：香草茶、美食

牛至烤猪扒

牛至的味道说起来很是奇特，似乎无法找到一种与它的味道类似的东西，所以不太好形容，有的书上形容牛至的味道像薄荷，其实不然，最明显的就是牛至没有薄荷的清凉味。牛至非肉类搭配不可，而且因为本身有着帮助消化的功效，所以爱美人士也不用太担心吃太多会长胖的问题。

所需材料

猪肉 220g（适当加入些肥肉可以让口感更为鲜嫩，如果是全瘦肉，烤制时间可以适当缩短 5 分钟）

烤料 15g（市面上有很多不同的味道，可根据自己的口味选择）

牛至枝条 5 根（少了味道会不明显）

蒜数瓣

制作步骤

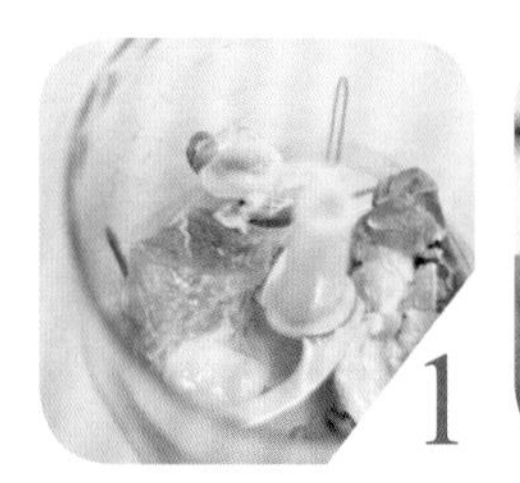

1 把猪肉放入搅拌机中。

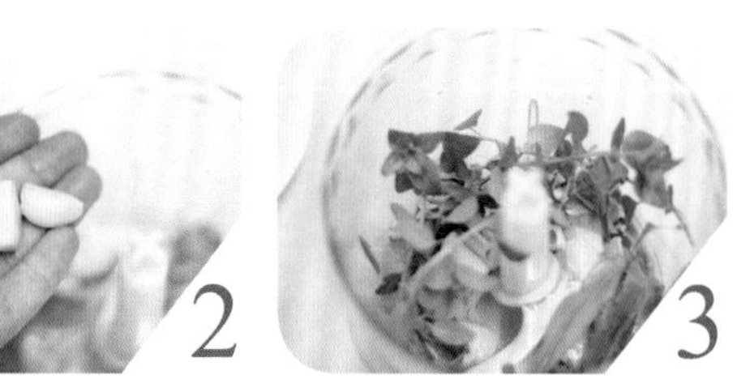

2 在搅拌机中放入蒜瓣，有的人不喜欢蒜则可以不加。

3 在搅拌机中加入牛至枝条。

4 将烤料倒入，打开搅拌机，必须将所有食材搅拌至混为一体，而且肉要彻底搅碎才可。

5 将搅拌好的肉泥搓成一个大肉丸，并在烤盘上铺一张锡纸。

6 用手轻轻挤压大肉丸，不断进行挤压，直到感到平滑并黏合。

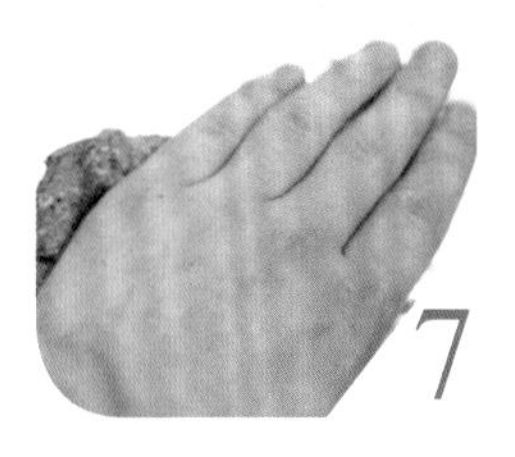

7

用如来神掌将大肉丸压平，一定要压平，不能有的地方薄有的地方厚，否则进入烤箱后很有可能薄的地方已经开始焦了而厚的地方还没熟透，所以务必做到薄厚均匀。

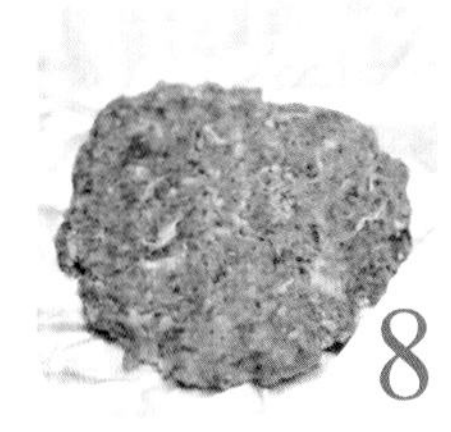

8

压平后就可以送入烤箱了，烤箱200度提前10分钟预热，约10~15分钟后就可以取出来了。如果喜欢嫩一点的口感，时间就短一点，如果喜欢略带一点焦味的口感，时间就长一些，但是最长不要超过20分钟，否则表皮会因为过焦而变得不适合食用。

悠闲时光

我自己是非常喜欢这道鲜嫩可口的菜肴的，而且制作起来非常简单，从准备到入烤箱短短5分钟足矣，非常方便快捷。而且肉类中的蛋白质含量比较高，可以替代很多食物，有一段时间我不喜欢吃米，就用这道菜作为我的主食，每餐还配以各种蔬果以及鲜榨的果汁，自然是既营养又美味。

推荐一款饮品——柠檬红茶，在吃完油腻的食物后饮用这款茶除了可以帮助消化，还能清新口气。

咖喱草

咖喱草其实叫意大利蜡菊，然而更多时候我还是喜欢咖喱草这个“俗名”，因为一看到这个名字，哪怕是没有种植过的人也能对它的气味猜到七八分。此外，因为它开出的花可以像干花一样保存很长时间，所以也被称为“永久花”，这个名字可能大家更熟悉一些，因为某些高端护肤品中会添加永久花的成分。咖喱草在护肤方面的主要作用为消炎、杀菌、抗病毒、消除黑眼圈、淡化痘印、活血化瘀，还可促进细胞再生，而且对于痤疮与粉刺易发的肌肤有着很好的治疗效果。利用其花朵蒸馏获取的精油向来以昂贵著称，即便在国外也常常会买到掺杂有别的物质的不纯精油，在购买时需要学会辨别真假。在美食方面，它可以为我们带来类似咖喱的香气，众所周知，咖喱并不是由某一种植物制成的香料，而是由多种香料经过一定比例混合后获得的，配方的不同会使咖喱的味道不尽相同，这也是为什么会有青咖喱、黄咖喱以及红咖喱之分的原因。

咖喱草小知识

适合种植的场所： 朝南的阳台、窗台或者花园

对光照的要求： 强

对水分的需求： 喜欢偏干的土壤，忌根部潮湿

利用的部位： 花朵、叶片

应用的领域： 美食、护肤品、芳香疗法

咖喱草白酒

咖喱草适合和白酒搭配制作成咖喱草白酒，这款白酒可以在烹饪的时候使用。白酒适合烧海鲜，带有淡淡咖喱味的白酒用起来则更得心应手。

所需材料

白酒 250ml

干燥咖喱草枝条 3~5 根

制作步骤

1 将干燥的咖喱草枝条放入玻璃容器中。

2 在玻璃容器中倒入白酒，在家中静置一个月后即可使用。

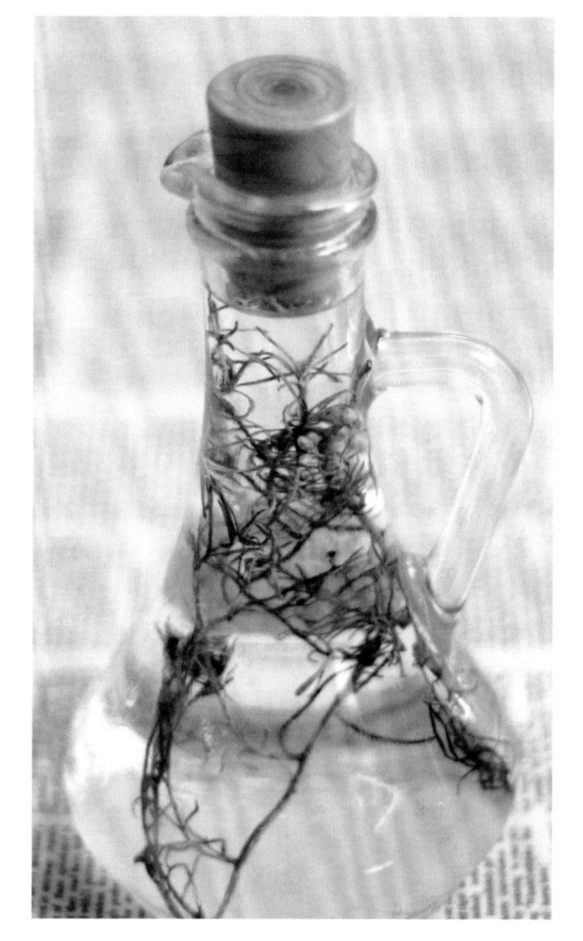

悠闲时光

在泡制咖喱草白酒的过程中，每隔 10 天就需要把枝条捞出来，换入新的枝条，这样能使白酒中咖喱的味道更浓一些，但此款白酒一般不作饮用，主要用于烧菜。在做菜的过程中，可以用咖喱草白酒替代料酒使用，比例为 1：2，即在烧菜时咖喱草白酒的用量为料酒用量的一半。此外，之所以使用干燥的咖喱草枝条是因为这样味道会更好。

刺芫荽

顾名思义，刺芫荽有着如同芫荽（北方称香菜）一样的气味，那既然如此，直接用芫荽好了，干嘛还非要用这个刺芫荽呢？实际上，虽然它俩在气味上比较接近，但还是有着微妙的差异。刺芫荽的味道没有芫荽那么强烈，故而觉得芫荽气味比较呛的人可以尝试吃一点刺芫荽，而且刺芫荽会给人吃了后还想吃的感觉。一般，芫荽不太耐热，所以在南方种植的并不太多，然而刺芫荽却完全可以适应南方的湿热气候，传说中的泰国香菜指的就是刺芫荽。此外，刺芫荽也叫假香菜、长香菜、越南香菜，在我国广西、云南被广泛食用，而且生命力顽强，只需要在食物中加入少量就可以挑起我们的味觉。

刺芫荽小知识

适合种植的场所：朝南的阳台、窗台或者花园，冬季需要入室避寒

对光照的要求：中等，略微耐阴

对水分的需求：中等

利用的部位：叶片

应用的领域：美食

刺芫荽炒面

刺芫荽乍一闻和香菜的味道几乎一样，但其实细细品来刺芫荽的味道似乎没有香菜那么冲，很多不吃香菜的朋友后来都爱上了刺芫荽，这确实是一件非常有意思的事儿。用刺芫荽来炒面可以替代香葱为食物带来独有的香气，食客一般都不会拒绝。

所需材料

新鲜刺芫荽1枝

干尖椒1根，蒜几瓣

炒面1盘，色拉油

鲍鱼汁、鸡精、

盐、小虾米适量

制作步骤

取两片新鲜刺芫荽的叶子，如果正好处于它的开花季节，也可用其花梗来装饰食物。在利用刺芫荽叶片时一定要趁新鲜，因为风干的叶片香气会流失。

用剪刀将新鲜刺芫荽的叶片剪成细丝，或者用刀切也可以。

将剪成细丝的刺芫荽先放到碗里，稍后再用。

往锅里倒入色拉油，待油热后倒入蒜瓣与干尖椒，因为每个人吃辣的程度不同，这一步可根据自己的口味来调整用量。

┣ 用锅铲翻搅，很快就会闻到爆出的蒜香味。

┣ 往锅内倒入炒面与小虾米，翻炒，需要注意的是，小虾米须提前一小时用水浸泡。

┣ 再把刺芫荽细丝倒入锅中一并翻炒。

┣ 倒入鲍鱼汁，用量约为两瓶盖。

┣ 再加入一点点盐，分量不必太多，因为鲍鱼汁中已经含有盐分，如果加的盐过多炒面就会很咸。

┣ 再加入少量鸡精。

┣ 待炒熟后，装盘，点缀上刺芫荽叶片，完成。

悠闲时光

在吃这盘炒面的时候配一碗撒有刺芫荽末的排骨汤，再加上一个五香蛋，不论是作为早餐还是宵夜都十分合适，即使是在中午，若能吃上这么一碗带有浓浓刺芫荽味的炒面也是不错的选择，再喝上一口汤，实在是浓淡咸宜，相辅相成，对于喜爱这种味道的人来说确实是莫大的味觉享受。

鼠尾草

鼠尾草原产于地中海沿岸，种类比较多，其中，适合与肉类搭配的是原生鼠尾草和巴格旦鼠尾草。在国外，尤其是德国，喜欢把鼠尾草加入到腌制品或者香肠中，而国内似乎对鼠尾草很陌生，大多数时候我们栽培的都是观赏性的园艺品种，比如粉萼鼠尾草、墨西哥鼠尾草等。至于原因我想了下，可能是和中国人的口味有关，因为鼠尾草不同于别的很多香草带有类似水果的清甜香气，鼠尾草的味道更接近于药草的味道，或许很多人在一开始闻到的时候不太喜欢，包括我本人在内。不过奇怪的是，当闻的比较多了之后，就会很喜欢它的味道，甚至有点沉迷。鼠尾草可以促进我们人体的血液循环，也有助于消化，而且，通过蒸馏叶片获得的鼠尾草精油是女性的好帮手，可以帮助解决诸多女性生理期问题。

鼠尾草小知识

适合种植的场所：朝南的阳台、窗台或者花园

对光照的要求：强

对水分的需求：中等，待土干了再浇水

利用的部位：叶片

应用的领域：香草茶、美食、护肤品、芳香疗法

鼠尾草茶

在制作这款鼠尾草茶时可以使用干燥的鼠尾草枝叶，因为我在本书中几乎都是利用新鲜香草，所以可能会给大家一个误区，以为香草只能使用新鲜的而不能用干品。其实，香草茶当然不仅仅限于只用新鲜香草，干燥后的香草一样别具风味，甚至有的香草在风干后少了些青草气息，味道反而更加醇厚。而且，干燥的香草可以保存得更久，在一次性收获很多香草而又无法利用完的时候就可以将它们晾干，这样即便是在冬季也有香草可以用。

取一枝鼠尾草，用开水冲泡，很快就会闻到那浓浓的香气了，女性朋友饮用这款香草茶好处多多，而且可以随时取一些枝条来泡茶喝。

鼠尾草西葫芦塔

让国内的人接受在食物中加入鼠尾草需要一个过程，因为在传统食物中放入显然不太合适，比如炖个鸡汤放鼠尾草，那味道相信大部分人不太能接受。于是我一直在想到底将鼠尾草加入到什么样的料理中才会令大家喜欢并且容易接受，这道鼠尾草西葫芦塔算是我研究出来的一个小成就吧，下面就和大家分享我的制作方法。

准备材料

猪肉 250g（适当带点肥肉），**西葫芦 1 个**

新鲜鼠尾草枝条 4~5 根（每根长度 10cm 左右）

红腰豆适量，乌橄榄、青橄榄、鸡尾洋葱数个

混合香料（由黑胡椒粒、白胡椒粒、芫荽子组成）、**混合调料**（由辣椒粉、食盐、细砂糖、姜黄粉组成，口味自己调节）**、橄榄油、椒盐适量**

准备事项：烤箱提前 200 度预热

烤制时间：20 分钟

制作步骤

将西葫芦切片，厚度为0.5~1cm。

鼠尾草可以用原生鼠尾草或者巴格旦鼠尾草，两者的气味几乎一样，但巴格旦鼠尾草的叶片更圆更大一点。

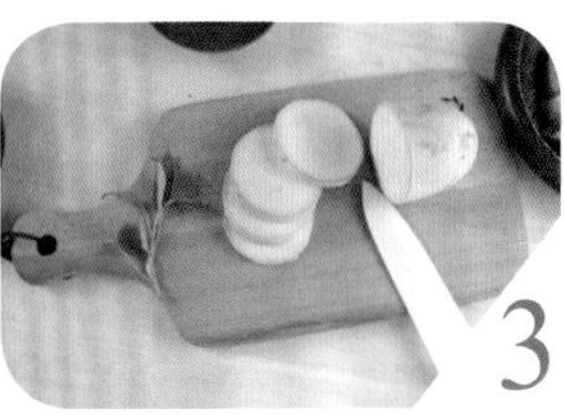

把切好的西葫芦片放在一边，备用。

将猪肉切块，放入搅拌机中。

之所以不用全瘦肉是因为全瘦肉经过烤制后口感比较硬，而带一点肥肉则经过搅拌后吃不出那种肥肉的感觉，反而能增进口感。

把新鲜鼠尾草枝条也加入到搅拌机中。

在搅拌机中加入混合香料。

再将混合调料放入搅拌机中。

接通电源，打开搅拌机，将所有食材搅拌，时间不要太久，如果变成纯肉泥就不太好了，而带一点点肉粒的感觉最好。

将打好的肉泥搓成丸子状。

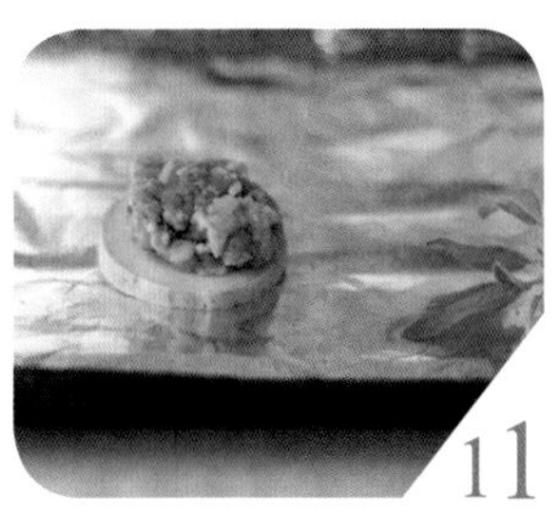

将肉丸放在一片西葫芦上，用手稍微压一压。

在肉上再盖上另一片西葫芦，这样就完成了一个。

照此方法继续制作几个，一次不用太多，够一餐的量就可以了。

在每个西葫芦塔上淋一点橄榄油，然后放入提前预热好的烤箱中烤20分钟。

从烤箱中取出，装盘，在西葫芦表面撒上椒盐与混合香料。

16 再在上面放上乌橄榄、青橄榄、鸡尾洋葱和红腰豆。

17 这样一道西葫芦塔就完成了。

悠闲时光

做的过程中因为在肉中加入了鼠尾草，所以吃起来会有淡淡的鼠尾草味，但味道不是很重，比较适合刚开始接触鼠尾草的朋友食用，而且如果之后习惯了，或许会像我一样沉醉于鼠尾草的气味中。在吃鼠尾草西葫芦塔的时候应该像吃三明治一样，用两片西葫芦夹着中间的肉，很多来我家的朋友都会主动要求做这道菜。

百里香

百里香也是原产于地中海沿岸的著名香草之一，其品种繁多，但主要食用品种是直立百里香和柠檬百里香，虽然阔叶百里香与匍匐百里香也有着和原生品种差不多的香气，但是风味最好的却是直立百里香。因为百里香的枝条纤细且叶片很小，所以在烹饪或者制作香草茶的时候不必将叶片从枝条上摘下，连同整个枝条使用就好。百里香是一种非常有效的抗菌剂，可以提高人体免疫力、安抚心灵，对于咽喉不适、口腔疾病也有着不错的辅助治疗与缓解效果。基本上市面售卖的漱口水中都含有百里香的成分，但是请勿在怀孕期间使用。此外，百里香精油是通过加热其叶片与花朵蒸馏获得的，常常用来治疗呼吸道疾病、关节炎、痛风、风湿等症状，一般配合薰衣草与柠檬精油使用。

百里香小知识

适合种植的场所：朝南的阳台、窗台或者花园

对光照的要求：强

对水分的需求：中等，待土干了再浇水

利用的部位：叶片、顶部的花朵

应用的领域：香草茶、美食、护肤品、口腔护理、芳香疗法

百里香茶

这是一款只需要百里香枝条就可以制作的茶饮，只要将百里香枝条采摘下来，用热水冲泡片刻即可。

悠闲时光

百里香有消炎杀菌的作用，对于咽喉疼痛也有一定的辅助治疗效果，所以感到嗓子疼痛的朋友不妨泡这么一杯茶来饮用，可以缓解这种症状的加剧，这也是我饮用较多的一款香草茶。

百里香醋

所需材料

新鲜百里香枝条 5 根

糯米醋 100ml

制作步骤

将新鲜百里香枝条塞入玻璃瓶中。倒入糯米醋，半个月后就可以使用啦，用来做凉拌菜是个极好的选择。

百里香挞

百里香挞其实就是一个大蛋挞，平时爱吃蛋挞的人是不是感觉市面上卖的蛋挞很小，吃的不过瘾呢？只要学会在家做这道小吃，就能解决这个烦恼啦，而且味道一级棒。下面我们就来制作这款大大的百里香风味蛋挞。

所需材料

淡奶油 90g

鲜牛奶 50g

鸡蛋 2 个

细砂糖 55（40+15）**g**

黄油 100（50+50）**g**

低筋面粉 120g

新鲜百里香枝条 5 根
（每根长度 10cm 左右）

百里香茶 40g

制作步骤

┣ 取一个容器，锅碗都可以，我这里用的是碗，在其中倒入 90g 淡奶油。

┣ 用手顺着新鲜百里香枝条把叶片捋下来，然后加入到淡奶油中，这样做的目的是让百里香的香气渗透进食材中。

┣ 有人问我能否直接加入百里香的枝条，这个最好不要，因为百里香的枝条比较硬，加进去吃到嘴里会影响口感。

┣ 加入 40g 细砂糖。

┣ 将 50g 黄油切开。

┣ 将切开的黄油放入微波炉转一分钟，待其融化成液体后倒入淡奶油中。

┣ 将鸡蛋打散后也倒入淡奶油中，之后再倒入 50g 鲜牛奶，稍微搅拌均匀，这样蛋挞馅就做好了，可以暂且放在一边。

┣ 接下来做挞皮，挞皮的制作比较简单，将 50g 黄油隔水融化后倒入过筛的低筋面粉中。

┣ 加入 15g 细砂糖，然后搅拌均匀。

┣ 用手一边揉面粉一边倒入 40g 事先泡好的百里香茶。

┣ 继续揉面，揉成一个面团后放一放，趁这个机会我们可以休息一下，听听音乐，半个小时后会发现面团比之前揉好的小那么一点点，当然这种差距非常细微，但这就是我们刚才去休息半小时的原因，因为刚揉好的面团由于面筋的弹性会有一定程度的收缩，如果直接放入模具中势必会造成收缩。

┣ 用擀面杖将面团擀成一张面皮，这里我们选用一个直径约 12cm 的活底挞盘模具，小心地扣在面皮上，轻轻用手压下，这样多余的面皮就会断开来。

13

┣ 将活底放入挞盘中，均匀地撒上一层面粉，这样可以帮助更好地脱模。然后将刚才的面皮平铺进去，用手把边缘捏服帖，再用叉子在面皮上戳些洞帮助排气。

14

┣ 把之前做好的蛋挞馅儿倒入模具中。

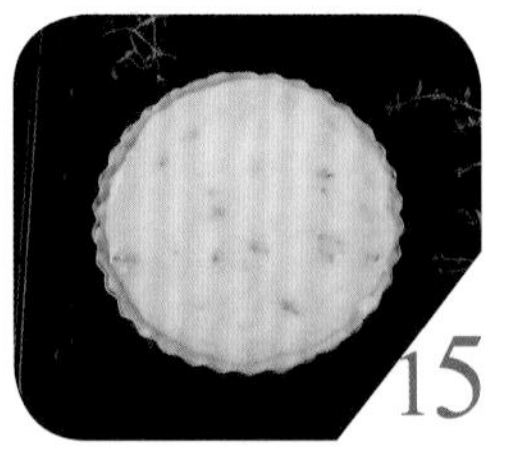

15

┣ 约8、9分满就可以了。

16

┣ 送入烤箱，烤箱170度提前10分钟预热，大约半小时后看到烤至表皮金黄略带焦色时就可以取出来了，这一步可以根据各自烤箱性能的不同而延长或缩短时间，只要不烤焦就行。

17

┣ 待烤熟后出炉。

悠闲时光

这个百里香挞足够一个人一餐的分量，所以做得时候注意量，而且原本浓郁的百里香经过烘焙后味道变得柔和起来，适合喜欢清淡口味的朋友食用。在制作的时候建议放入的百里香枝条不要少于五根，否则尝不出百里香的味道。另外，百里香茶不妨泡得浓一点，这样味道会更明显哦！

百里香麦芬蛋糕

百里香代表着勇气，因此我将这款蛋糕称为“赐予勇气的蛋糕”。喜欢百里香的朋友不妨试着做一做这款蛋糕，香酥绵软的蛋糕配上百里香的清香味，保证吃了就忘不掉。而且自己在家做蛋糕，既有成就感又能享受到美味，何乐而不为呢？

准备材料

低筋面粉 100g

盐 1/4 小勺（1.25ml）

黄油 50g

鸡蛋 1 个

淡奶油 50ml

细砂糖 60g

泡打粉适量

新鲜百里香枝条 5 根（长度约 10cm）

制作步骤

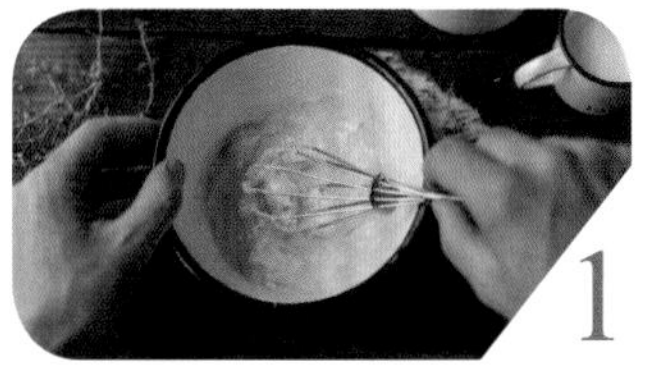

将黄油切好，融化至室温，放在锅中用打蛋器打发。

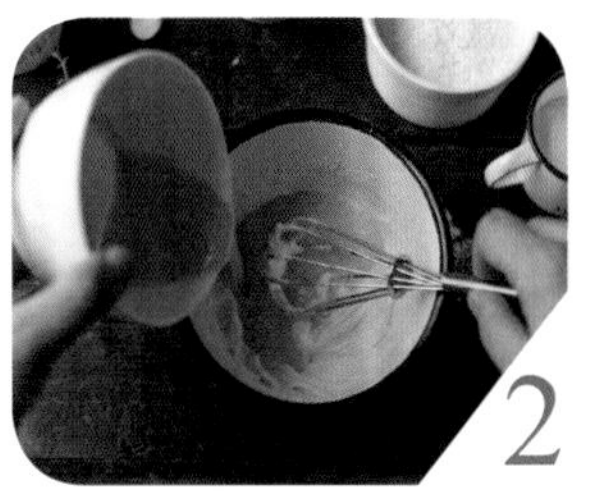

将鸡蛋打散，分两次加入到打发的黄油中，一定要感觉到鸡蛋液和黄油融为一体才算成功，如果出现油水分离的情况说明黄油没有完全打发。

在黄油中筛入低筋面粉。

然后再加入细砂糖。

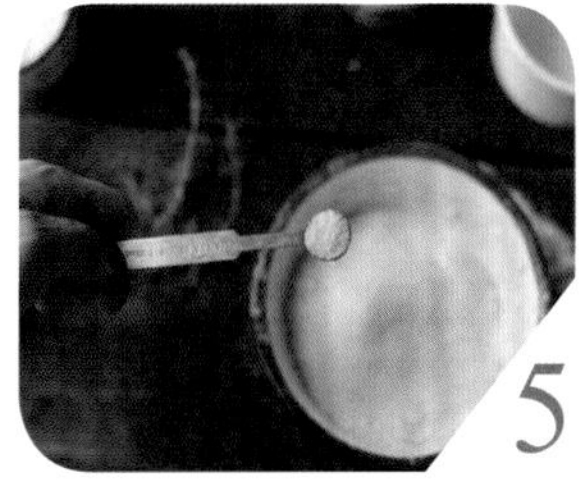

再加入盐。

把泡打粉放入。

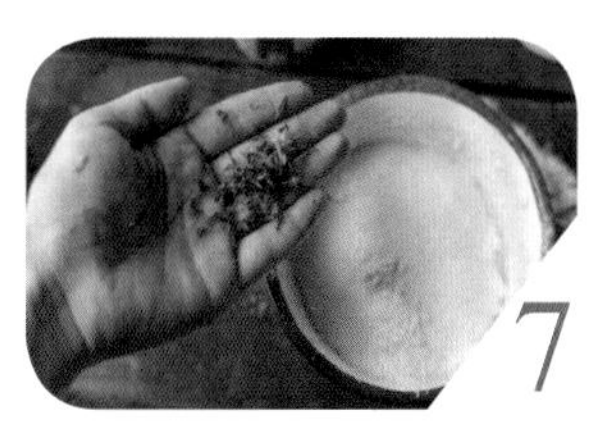

将新鲜百里香的叶片从枝条上捋下来放入。

用刮刀将各种混合材料搅拌均匀，这时候我们会感觉到阻力很大。

将淡奶油倒入上述混合后的蛋糕糊中。

用刮刀搅拌至感觉蛋糕糊顺滑没有颗粒才可以。

用裱花袋将蛋糕糊挤入纸杯，这样不容易将蛋糕糊弄到外面。烤箱 150 度提前 10 分钟预热，将蛋糕杯小心地放入烤箱，注意不要被烫伤，然后可以听听音乐或者干点别的，等待约 30 分钟。

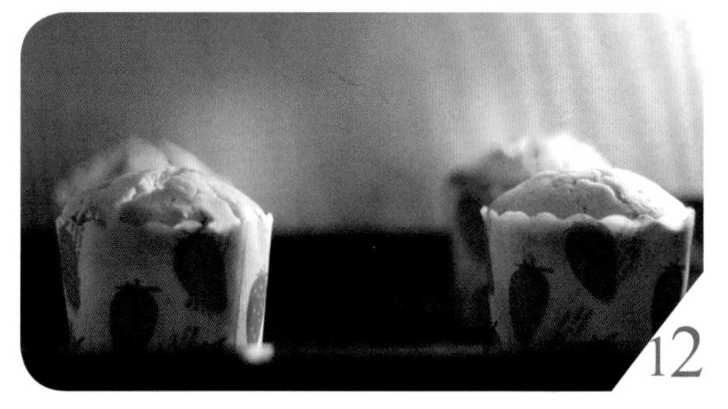

当看到蛋糕表面金黄且鼓起来的时候就说明我们的蛋糕快做好啦！

悠闲时光

这款百里香麦芬蛋糕口感松软，而且融合了百里香特殊的略带奶油味的香气，十分独特。制作过程不算太难，材料也比较简单，如果没有新鲜百里香的话也可以用买来的干燥百里香叶代替。百里香的花语是勇气，中世纪的欧洲女性会在手帕上绣百里香小小的叶片以及花朵做装饰用，男人们会在上战场时插着百里香的枝条高呼“请赐予我勇气吧！”所以我称这款蛋糕为“赐予勇气的蛋糕”，这让我在人生路上不论遇到何种事情，都可以勇敢地面对。顺便提一下，另一种代表勇气的香草是琉璃苣，不要将两者混淆哦。

管香蜂草

管香蜂草有的时候也被称为美国薄荷，因其叶片带有佛手柑的气味，故而在某些地区也被称为佛手柑，当然我们这里说的“佛手柑”和那种泡茶的水果佛手柑不是一回事。值得一提的是，如果在花园里种上一片管香蜂草，那么到了初夏时分它开出的美丽花朵必会吸引所有人的目光。

管香蜂草美丽的花朵

管香蜂草小知识

适合种植的场所：朝南的阳台、窗台或者花园

对光照的要求：强

对水分的需求：中等偏湿润

利用的部位：叶片、花朵

应用的领域：香草茶、美食

管香蜂草伯爵茶

所需材料

管香蜂草叶片 2 枚

伯爵茶包 1 个

制作步骤

将管香蜂草叶片和伯爵茶包放入茶杯，用热水冲泡片刻即可饮用。

悠闲时光

这款茶中搭配的茶饮是 Earl Grey Tea，也就是有名的格雷伯爵茶，它其实是一种经过调味的红茶，调配过程中通常会加入佛手柑油，从而使得红茶中带有柠檬的气息。说到这里，大家应该明白为什么会使用管香蜂草与之搭配了，因为它俩有着类似的香气。加入管香蜂草的伯爵红茶，味道非常独特，如果再加一点糖，那么就和某品牌的柠檬红茶有一样的味道了。

管香蜂草薄荷茶

所需材料

薄荷茶包 1 个，管香蜂草叶片数枚

制作步骤

将薄荷茶包放入茶杯，再放入管香蜂草叶片，用开水冲泡，片刻后即可享用。

悠闲时光

这款管香蜂草薄荷茶在饭后饮用可帮助消化，效果非常好，同时还能清新口气。所以，吃完饭后不妨泡这么一杯清新的花草茶，也是一种难得的享受呢！

薄荷

薄荷广泛分布于北半球，因其繁殖能力强、生命力旺盛，所以常常连山野间都可以看到它们的身影。薄荷的品种非常多，而且每年还有新品种诞生，但每个品种的味道虽然相似却又有着不同，实在是令人着迷。我自诩是个地道的薄荷控，但也仅拥有 30 种薄荷，这个数量在整个薄荷家族中可谓沧海一粟。下面给大家推荐几个适宜食用的品种：胡椒薄荷、凤梨薄荷、黑薄荷（气味甜美）、绿薄荷（叶片漂亮，适合摆盘）。其中，胡椒薄荷在台湾叫瑞士薄荷，它是由绿薄荷与水薄荷杂交获得的品种，因味道芳香而被广泛使用。一般，薄荷具有清热消暑、去油腻、清新口气等作用，但是孕妇应避免使用。

薄荷小知识

适合种植的场所：朝南的阳台、窗台或者花园

对光照的要求：强

对水分的需求：高，喜欢湿润的土壤

利用的部位：叶片

应用的领域：香草茶、美食、护肤品、口腔护理、芳香疗法

薄荷咖啡冻

这款薄荷咖啡冻制作起来非常简单，虽然看着步骤比较多也比较复杂，其实并不难，而且在做的过程中薄荷只是起到了装饰作用。在炎炎的夏日或者暖暖的秋日午后，可以将做好的薄荷咖啡冻放入冰箱冷藏后再食用，再配上新鲜的薄荷的确清凉养眼。

所需材料

洋菜粉 30g

咖啡豆 2 勺（或咖啡 600ml）

水 2000ml

细砂糖 3 大勺（45ml）

新鲜薄荷叶 2 片

洋菜粉其实是从一种叫石花菜的海藻中提取出来的物质，我们常说的琼脂其实就是洋菜粉。在日本的营养食谱中经常能看到一种叫寒天的东西，这个寒天就是琼脂，也就是洋菜粉，只是叫法不同。洋菜粉的价格稍高，那么有没有一种相对便宜的替代品呢？答案是肯定的！有一种叫仙草的植物就可以代替洋菜粉。先来说说仙草的神奇之处，只要采下仙草的枝叶煮水，再加一点淀粉，当水温冷却下来的时候，仙草水就会变成像果冻一样的物质（这一点和洋菜粉极为相似），这也就是我们常说的仙草冻，是消暑佳品。市面上有售仙草粉的，我们可以将其作为洋菜粉的替代，使用时参照说明加入。

制作步骤

1

咖啡最好采用由咖啡豆现磨而成的，这样会更香，但如果想简便一点则可以用两包速溶咖啡代替。

2

如果采用现磨的咖啡，应先把两勺咖啡豆放入研磨机。

3

磨啊磨啊磨啊磨啊……不得不说磨咖啡是件体力活，可是乐趣也就在此，如果是用咖啡机，速度虽快，却少了一份乐趣。

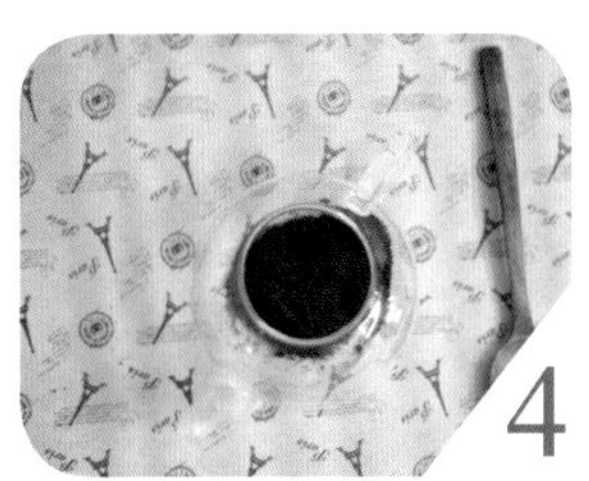

4

将磨好的咖啡粉倒入咖啡壶中，用开水冲泡。

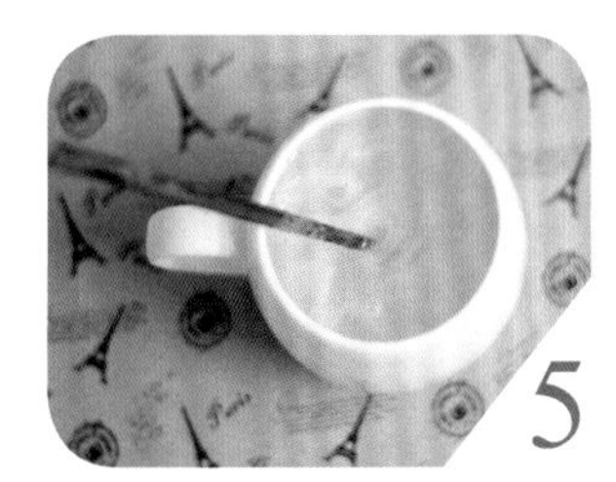

5

不论是仙草粉还是洋菜粉都要经过二次溶解，就是用一个工具在粉溶解期间不停搅拌，待搅拌好后放置一边，备用。

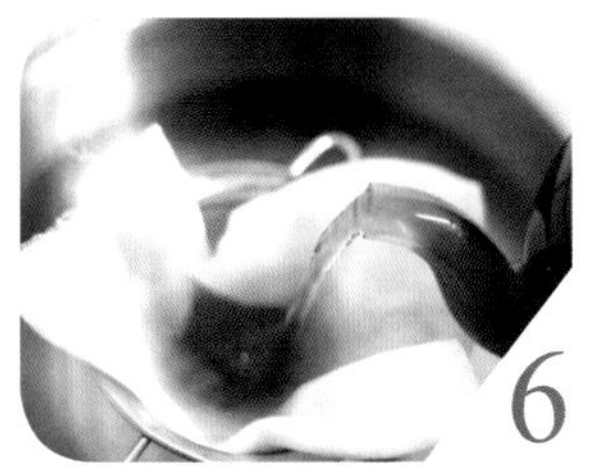

6

将清水烧开，倒入泡好的咖啡。

7

如果是现磨的咖啡就需要用纱布将咖啡渣过滤掉。

在咖啡中加入细砂糖。

倒入溶解后的洋菜粉（或仙草粉），不停地搅拌，一定要使其充分在咖啡液中溶解均匀，然后关掉火。

趁热将溶液倒入容器中，等溶液冷却后就变成果冻状了，不要忘记点缀上薄荷叶哦！

也可以把溶液倒入咖啡杯中，制作成一杯固体咖啡，这样就可以和朋友恶作剧啦，当他端起咖啡杯送到嘴边时却喝不到，哈哈，想像一下是不是很有趣呢？

悠闲时光

还有一种不错的吃法，就是将淡奶油淋在咖啡冻上，再配以淡淡的薄荷香气，这样苦中带甜的咖啡加上醇厚的奶油，味道你一定会喜欢。所以，在闲暇时不妨多尝试几种不同的吃法，也许会有意想不到的收获哦。

薄荷茶

薄荷具有清凉解暑的功效，还可以帮助消化，所以在吃了油腻食物之后很适合喝一杯薄荷茶。我在这款茶饮中加入了甜叶菊，因为可以利用甜叶菊中所含有的甜味，使得茶的味道不至于太涩，而且，甜叶菊虽然甜但里面包含的热量却可以忽略不计，所以此款茶饮可谓是瘦身常备品。

所需材料

新鲜薄荷 1~2 枝

新鲜甜叶菊 1 枝

制作步骤

├ 将新鲜薄荷枝条上的叶子捋下来，放入茶壶中。

├ 再将新鲜甜叶菊放入。

├ 用开水冲泡，五分钟后即可饮用。

悠闲时光

刚开始喝薄荷茶的人在制作这款茶饮时最好不要放太多薄荷，可以先从两片叶子开始，我自己现在口味很重，一般都用 1~2 根枝条，有一次招待朋友也是这个分量，结果朋友告诉我味道太重了，对于刚开始接触的人来说确实需要一个接受的过程。而且，甜叶菊也不用放太多，稍微有点儿甜味就可以了，放得太多反而有可能变得略苦，这就是传说中的甜得发苦。

薄荷抹茶冰激凌

薄荷的清新加上抹茶的独特口感就是我们制作的这款薄荷抹茶冰激凌。在夏季闷热的午后，舀一勺放在嘴里，简直是一件人间美事，那一刻会有一种满足的感觉，能感到整个世界都跟着清凉下来，不再有炎热的烦躁感。

所需材料

淡奶油 300g

炼乳 2 大勺

细砂糖 50g

抹茶粉 2 大勺

蛋黄 2 个

薄荷汁 100g

制作步骤

将细砂糖倒入淡奶油中。

再在其中加入蛋黄和炼乳。

将抹茶粉放入。

把上述材料混合搅拌均匀，并且用打蛋器将奶油轻微打发。

打发后的奶油可以形成轻微的褶皱，并且基本不会消失，此时倒入事先煮好的薄荷汁100g，薄荷汁一定要用凉透的，最好是冰的，因为如果温度没有完全冷却，倒入奶油中会让奶油完全融化，从而导致制作失败。

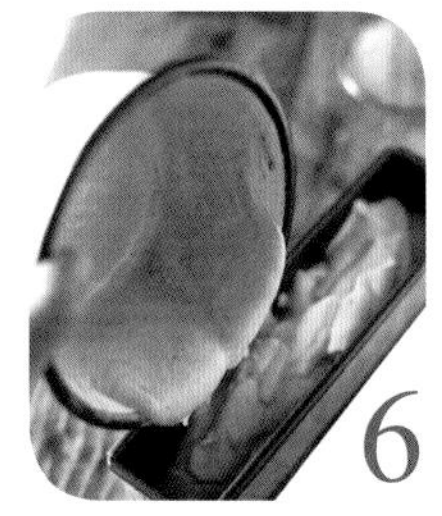

将冰激凌液倒入模具中，放入冰箱冷冻。

半个小时后再取出来搅拌一次，让空气更多地进入可以令口感变得顺滑。

冷冻6个小时候就可以取出来食用了。

悠闲时光

因为在做这款冰激凌的时候加入的奶油比较多，含量很高，所以口感非常润滑，入口即化，而且加上抹茶和薄荷，味道好极了。不管是喜欢薄荷的人还是喜欢抹茶的人，都可以从中吃到自己喜欢的口味，符合很多人的胃口。此外，冰激凌应该从冰箱取出后尽快食用。

薄荷芝士蛋糕

大部分喜爱甜品的朋友都不会抗拒芝士蛋糕的美味，可是当芝士遇到薄荷又会擦出怎样的火花呢？如果你是一个真正的薄荷发烧友，那么一定要尝试做一个薄荷芝士蛋糕，品尝一下这款蛋糕的味道。

薄荷芝士蛋糕的制作过程可以分为两部分。第一部分是做一个布朗尼蛋糕作为饼底，因为在制作布朗尼蛋糕的过程中不用打发黄油，所以密度较高，用来做饼底比较适合。第二部分是做芝士蛋糕。

第一部分

所需材料

鸡蛋 2 个，黄油 100g，高筋面粉 60g

黑巧克力 80g，细砂糖 80g（我不喜欢太甜的口感，所以用量不是很大，喜欢吃甜的朋友可以增加 10~20g 的细砂糖）

制作步骤

├ 先把鸡蛋打散。

├ 加入细砂糖搅拌均匀。

├ 将黑巧克力在微波炉里转一分钟，待融化后加入。

├ 同样将黄油也融化后加入，然后搅拌均匀。

├ 筛入高筋面粉。

├ 用挂刀翻搅均匀。

├ 将拌匀的蛋糕糊倒入一个 6 寸的磨具中，最好使用活底模，这样之后脱模比较容易。送入烤箱中烘烤，烤箱 180 度提前 10 分钟预热，烤至 15 分钟左右就可以取出了，暂时先放到一边，然后做芝士部分。

第二部分

所需材料

奶油奶酪 220g，细砂糖 50g，鸡蛋 2 个，

新鲜薄荷枝条 5 根（每根长度不少于 10cm）

制作步骤

┣ 先把新鲜薄荷枝条切碎。

┣ 如果没有新鲜薄荷，也可以用两大勺薄荷酱或者薄荷汁来代替。

┣ 将奶油奶酪从冰箱中取出回温后，用打蛋器打至顺滑。

┣ 将鸡蛋打入。

┣ 加入细砂糖搅拌均匀。

┣ 加入之前切好的薄荷碎或者薄荷酱或者薄荷汁。需要注意，有的薄荷酱是咸的（老外的口味真的很奇怪），而用来做甜品的话当然要用甜的，所以要看看瓶子。

┣ 将之前烤好的蛋糕底用锡纸把蛋糕模包起来，因为芝士蛋糕是需要用水浴法来烘焙的，活底模如果不包起来那么水会从底部渗入到蛋糕中。

8 倒入薄荷芝士，我在其中加入了一点薄荷汁，这样可以让蛋糕的颜色变得好看。

9 蛋糕模整个放入一个深型的烤盘中，注入约三分之一的水，入烤箱 170 度烘焙约一个小时。

10 烤好的芝士等到完全冷却后，放入冰箱冷藏 4 个小时以上再脱模，出炉后就可以享受美味了。

悠闲时光

一种蛋糕，两种口感与味道，薄荷的绿色让人看起来赏心悦目，巧克力的味道又让人欲罢不能，实在是用再多语言都无法形容的。只有自己亲自品尝一下，才能了解那种味觉。

洋甘菊

洋甘菊的花语是我非常喜欢的，寓意为苦难中的力量，我觉得苦难往往是最能赐予人力量的。很多时候生活看似让我们陷入了一些困境，但是这些困境犹如一个包装丑陋的礼物，只要我们耐心拆开就会发现这个礼物十分不错。所以希望看到这本书的你在遇到困境的时候不要放弃，因为要知道你是具有洋甘菊品质的人，你拥有苦难中的力量，而这种力量会令你成长。洋甘菊有德国洋甘菊和罗马洋甘菊，其中德国洋甘菊也叫西洋甘菊，是一年生草本，而罗马洋甘菊是多年生草本，开花较德国洋甘菊晚一到两个月，但是花开得更大。

洋甘菊具有舒缓压力、抗忧郁、消炎、消除浮肿等功效，尤其在抗过敏方面有着很好的效果，所以常常被用来添加到许多抗过敏的护肤品中，但孕妇应避免使用。值得一提的是，洋甘菊精油是蓝色的，德国洋甘菊的颜色会更深一点，滴几滴在面霜中，面霜就会变成淡蓝色，十分特别。

洋甘菊小知识

适合种植的场所：朝南的阳台、窗台或者花园

对光照的要求：强

对水分的需求：中等，待土干了再浇水

利用的部位：花朵

应用的领域：香草茶、美食、护肤品、芳香疗法

洋甘菊茶

带有苹果香气的洋甘菊是很多人都喜欢的香草，因为花香柔和，适合大部分人的感官，故而使用范围比较广，而且洋甘菊的用处也比较大，花和叶片都可以用来泡茶。洋甘菊茶的制作方法很简单，只需要将花朵或者叶片用热水冲泡即可。五、六月份是洋甘菊的盛放期，每天都可以摘到很多新鲜的花朵。

使用透明的玻璃茶壶可以看到洋甘菊花朵在水中舒展的芳姿，这也是一种视觉享受。洋甘菊茶可以帮助舒缓紧张的情绪，同时也具有一定的抗过敏功效，作用很多，估计喜爱香草的人都会喜欢这款茶的吧！

洋甘菊果冻

一朵朵洋甘菊藏在晶莹剔透的果冻里，是不是很有意思呢。对于喜爱吃果冻的朋友来说，不用专程跑去超市买，而且自己做又放心，不用担心里面会增加防腐剂之类的东西，如果家里有小朋友的更是可以做这么一款果冻给他吃，非常安全健康。

所需材料

新鲜洋甘菊花和叶适量

仙草粉 50g

细砂糖 35g

水 1000ml

制作步骤

├ 将新鲜洋甘菊花和叶以及细砂糖、仙草粉一起放入奶锅中，加入水，烧开。

├ 待沸腾后熄火。

├ 趁着温度高的时候赶紧倒入模具中。

├ 等到冷却后用刀从边缘插进去绕模具一圈划一次，让边缘脱模，然后倒扣模具轻轻拍打就可以轻松脱模。

悠闲时光

在制作这款果冻的时候，不要只利用花，因为洋甘菊的叶也具有类似苹果的香气，所以在煮茶汤时可以连叶一起煮，等煮好了再捞起来，注入模具，待冷却后就会凝固在其中，看着十分养眼。

罗勒

罗勒可以说是意大利菜中的灵魂，没有罗勒不成意大利餐，不爱罗勒不是意大利人，说这个只是想表达意大利人对罗勒的喜爱，我承认我也非常喜欢罗勒，虽然我不是意大利人。罗勒的好在于不论是西餐还是中餐都可以用到，在我国南方它被称为九层塔，其实就是罗勒的一个品种。罗勒的香味比较多，推荐的品种有甜罗勒、丁香罗勒、肉桂罗勒、柠檬罗勒。因为使用广泛，国外把罗勒称为“King of the Herbs”，意为“香草之王”，依我看确实是名副其实。

罗勒小知识

适合种植的场所：朝南的阳台、窗台或者花园

对光照的要求：强

对水分的需求：中等偏湿润

利用的部位：叶片

应用的领域：香草茶、美食、芳香疗法

罗勒烧蛏子

海鲜如果处理不得当的话会带有一些腥味，所以我们喜欢用葱、姜、蒜去除水产的腥味，而罗勒的香气应该说比起我们常用的葱、姜、蒜更为霸道，它与海鲜或肉类搭配堪称完美。对于实在闻不了海鲜腥味的朋友来说，确实可以试试罗勒。

所需材料

蛏子500g，食用油适量，新鲜罗勒枝条3根

蒜4个，生姜，干尖椒若干，蚝油1小勺

鲍鱼汁1大勺，白酒2小勺

制作步骤

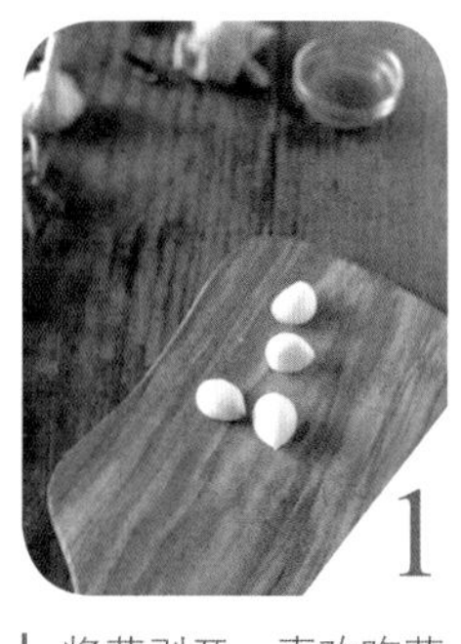

将蒜剥开，喜欢吃蒜的朋友可以再多剥一点，不喜欢蒜的朋友不加也无妨。

把蒜切成片，这样可以让味道得到更好地释放。

将干尖椒切成段。很多朋友在微博上问我具体的量是多少，这个真的没法回答，因为就算我给出一个量那也是参考我自己的口味，而像四川人这样能吃辣的会觉得不够劲儿，不能吃辣的朋友又会觉得太辣，所以像辣椒、香料这类的调味料大家要按照自己的口味调整，否则所有人按照一个方子一个参数做出来可能对口感有不同的感受，在做的时候可以根据自己的喜好增加或者减少调味料，比如喜欢吃麻的就放花椒好了，总之做菜是一种为自己量身打造的事情。

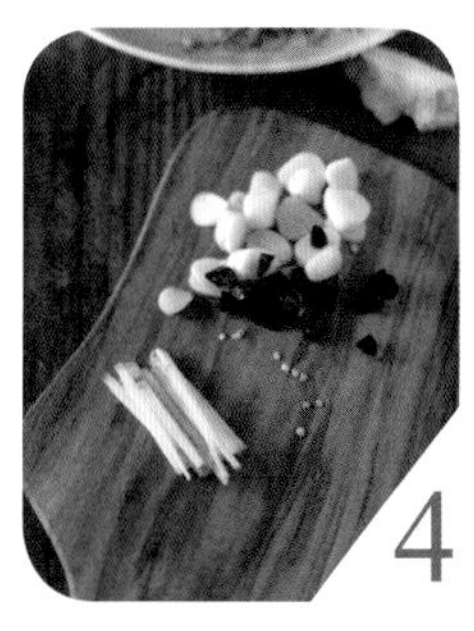

将生姜切成丝。

将水烧开，把蛏子在锅中焯一下。

将蛏子捞出来，它白色的肉上有一条黄褐色的线，把它去掉。在外面大排档吃的时候老板为了图方便不会去掉，但是自己在家做还是讲究些较好，吃着舒服些。

在锅中倒入食用油，当油沸腾后倒入干尖椒段、姜丝、蒜片。待爆出香味就可以倒入处理过的蛏子，并用锅铲翻炒。

倒入白酒，白酒的去腥能力比料酒要好，所以两小勺（10ml）足以，当然要是用料酒也可以，但用量要加倍。

加入蚝油。

倒入鲍鱼汁。

加入新鲜罗勒，用大火翻炒大约2分钟。

悠闲时光

如同白玉般的蛏子肉，咬一口就会汤汁四溢，而罗勒的香味此刻也会布满口中，真是一种味觉上莫大的享受。如果你爱海鲜，如果你爱罗勒，那么就一定不要错过这道佳肴美味。

罗勒海鲜意大利面

如果说罗勒是意大利料理中不可缺少的香料，那么意大利面绝对是这个国家的象征了。意大利面又称意粉，虽然意粉源自于中国的面条，但由于制作的材料、工序不同，所以与我国的面条在口感上有很大不同，下面我们就来介绍这道罗勒海鲜意大利面的做法，虽说是意大利面，但是为了更好地迎合中国人的口味，我将其进行了改良。

所需材料

意大利面 100g，番茄酱 2 大勺

盐约 1/4 小勺，大葱 1 小截

白葡萄酒 2 大勺，鱼露 1 大勺

对虾、蛤蜊、蛏子、新鲜罗勒适量

小番茄 10 个，鸡尾洋葱数个（作为装饰点缀）

色拉油适量

制作步骤

1 先把大葱切成片。

2 将新鲜罗勒切碎。

3 将每个小番茄切成四瓣。

4 将蛏子、蛤蜊、对虾先焯水，目的是让它们开口。

5 打开来的蛏子里面有一条黑色的线状东西，我们要把它清理掉。

├ 用锅烧开水后下入意大利面，待水开后翻煮约5分钟。注意，管状的通心粉烹煮时间比意大利面长2分钟左右，这样才能充分煮开，不然吃到嘴里会有“夹生”的感觉。

├ 在锅中倒入一些色拉油。

├ 加入大葱片先爆香。

├ 再把之前焯过水的蛏子、蛤蜊和对虾倒入，一起翻炒约1分钟。

├ 倒入鱼露。

├ 再倒入白葡萄酒。

├ 这时候可以尝一下味道，根据口味的咸淡来决定加盐的多少。

├ 加入罗勒碎翻炒约1分钟。

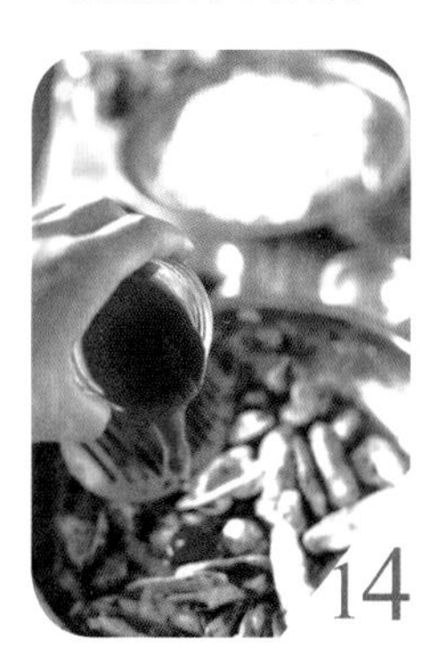

├ 倒入番茄酱。

├ 加入意大利面一起炒。

├ 翻炒约1~2两分钟后熄火。

├ 装盘，把切好的小番茄摆在周围。

悠闲时光

罗勒自然是新鲜的好，如果实在没有，干燥的罗勒也未尝不可，只是干燥的和新鲜的在味道上有一定区别，我个人比较喜爱新鲜的味道。意大利面100g指的是干燥时的称重，作为宵夜100g足够了，但要是一天没吃饭100g肯定吃不饱，可以自己酌量添加。

罗勒烤肉

将罗勒与肉一起腌制并且经过烤制后，罗勒的香气会伴随肉类产生一种令人垂涎的美味。因为罗勒本身具有品种的多样性，所以用不同香气的罗勒可以为食物带来更多丰富的味觉。喜欢柠檬香气的可以用柠檬罗勒，喜欢香味重的就用丁香罗勒，如果喜欢经典的罗勒味，那么甜罗勒是不错的选择。

所需材料

新鲜罗勒枝条 2~5 根（根据个人口味增减）

五花肉 200g，烧烤调料 15g，小洋葱 1 个

制作步骤

1 ├ 先把小洋葱洗净，切成碎丁。

2 ├ 将新鲜罗勒切碎，市面上也有干罗勒，但是味道不如新鲜的罗勒。

3 ├ 将五花肉切成片，并把切好的洋葱丁倒入。

4 ├ 再倒入新鲜罗勒碎。

5 ├ 加入烧烤调料，拌匀。

┣ 拌匀后的肉要腌制3~4个小时，如果是夏天就放入冰箱冷藏。市面上的烧烤调料比较多，各种口味的都有，根据自己的喜好购买即可。

┣ 在烤盘上铺一层锡纸，把腌好的肉放上，烤箱200度烤制15分钟即可。

┣ 出烤箱后，待稍微冷却，撒上新鲜罗勒叶作为装饰。

悠闲时光

这道罗勒烤肉一定要趁热食用，经过高温的烤制与先前的腌制，罗勒的香气已经渗入到五花肉中，吃起来会特别香。

罗勒碎

虽说罗勒还是新鲜的好用，但是如果想要一年四季都可以吃到它，那我们只有退而求其次，而将新鲜罗勒干燥后做成罗勒碎是一个不错的选择，这样在做料理的时候就可以随时都放入一点以增加口感。

所需材料

罗勒叶若干

制作步骤

将采集来的罗勒叶单独剔出，可以自然风干，也可以利用烤箱中的热风烘干。

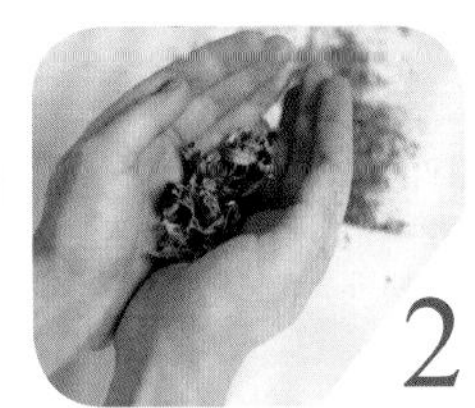

当罗勒叶变得发脆时装入调味瓶中，用小勺子将瓶中的罗勒叶片碾碎。

还有一种方法就是用双手搓揉把罗勒叶碾碎。

将罗勒碎装入调味瓶中。

使用时只需要轻轻拧动瓶口的研磨器就可以轻松获得很细的罗勒碎。

做好的罗勒碎用来调味是最方便不过的了，平时只要想吃罗勒就可以将其取出，放一点在食物中，立马就可以感受到罗勒的味道了。

罗勒炒饭

晚上宵夜吃什么对我而言一直是一个难题，要做到 365 天天天吃却不重样可真不是一件简单的事儿，这就需要发挥我的创造力和想象力来创造一些新的菜品，这份罗勒炒饭就是我自己创新出来的一道宵夜，满足了我想吃炒饭却又不想与一般炒饭相同的想法。

所需材料

米饭 1 碗

香肠 1 根

鸡蛋 1 个

鸡粉 1/4 小勺

盐 1/4 小勺

蚝油 1 大勺

生抽 1 大勺

豌豆、玉米粒 2 大勺

大葱适量

新鲜罗勒枝条 3 根

制作步骤

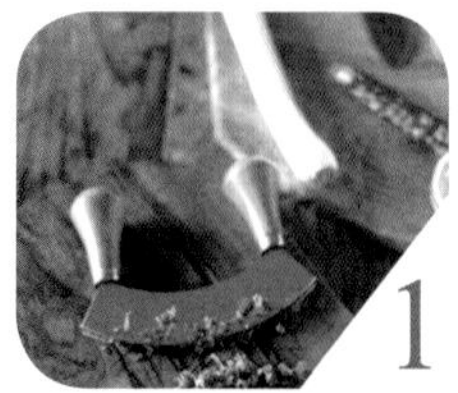

├ 把新鲜罗勒切碎。

├ 将大葱切成片。

├ 将香肠也切成片。

├ 在锅里少倒一些油，然后把打散的鸡蛋下入锅中，煎至金黄色。

├ 把鸡蛋捞出来，再下入大葱片，爆香。

├ 倒入香肠片一起炒，注意香肠一定要提前蒸熟，否则这么短的时间内香肠是一定炒不熟的。

├ 再加入玉米粒一起炒。

├ 再加入豌豆一起炒两分钟，然后全部倒入空碗里。

├ 再将米饭放在锅里炒，米饭事先要煮好，最好放在冰箱里冷藏一夜，这样就会一粒一粒的比较有弹性，口感也比较好。

├ 倒入蚝油继续翻炒。

├ 将之前炒好的玉米豌豆香肠都倒进来和米饭一起炒。

├ 再把之前煎好的鸡蛋加入一起翻炒。

├ 加入罗勒碎翻炒。

├ 一边炒饭一边倒入生抽。

├ 尝下味道，根据自己的口味添加鸡粉和盐，然后继续翻炒 2~3 分钟即可出锅。

悠闲时光

这份带有浓浓罗勒风味的炒饭吃起来令人难忘，我以前总是喜欢把罗勒整个枝条放进去炒，但是这样没有切碎后加进去入味，如果喜欢罗勒，那你一定要来试试这款罗勒炒饭。

罗勒香辣虾

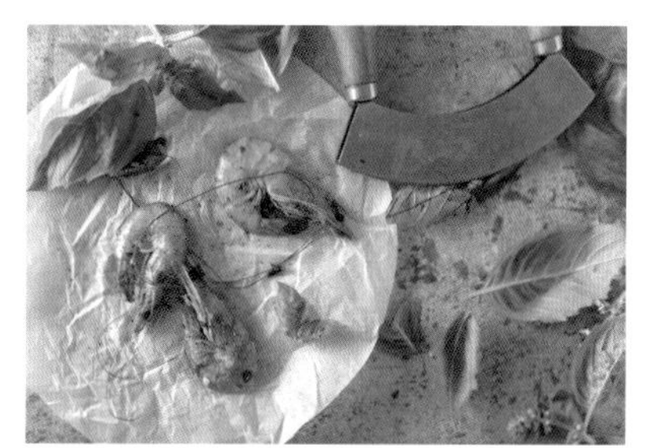

虾的营养价值很高，而且口感适合大部分人食用，如果厌烦了吃清蒸的或者油炸的，那么可以尝试做一下这道带有罗勒风味的香辣虾，保准吃了就忘不了。

所需材料

鲜虾 400g，新鲜罗勒 5 根

红泡椒 5 个

料酒 1 大勺，鱼露 1 小勺

生姜、糖、盐适量

制作步骤

将红泡椒剖开，生姜切成丝，与海鲜搭配时都是少不了生姜的。

将新鲜罗勒切成碎末备用。

在锅中倒入少量食用油，把姜丝下入锅中爆香。

把鲜虾一次性倒入锅中，用大火翻炒，时间不要太久，等虾的颜色呈红色即可。

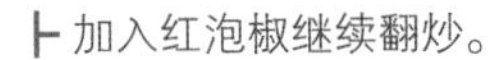

├ 加入红泡椒继续翻炒。

├ 以此倒入料酒和鱼露。

├ 先尝一下味道，然后根据自己的口味加入盐、糖调味。

├ 最后加入罗勒碎，翻炒约2~3 钟就可以出锅了。

悠闲时光

罗勒的品种很多，除了最常用的甜罗勒外，做菜的时候也可以使用大叶罗勒、柠檬罗勒、丁香罗勒、圣罗勒，由于这道罗勒香辣虾属于口感较重的菜肴，所以我选用了香味浓郁的圣罗勒。

明列子水果汁

明列子又叫兰香子，关注减肥的朋友应该听过，但不论它叫什么都摆脱不了一个身份，那就是罗勒的种子。因为名列子有着悠久的食用历史，所以我们可以很轻松地在中药房买到它，当然如果你种的罗勒够多，也可以自己采收种子。关于它的作用网上有一大堆，大家可以自行百度下，这里我们主要说说它的食用方法。

所需材料

果汁 1 杯（最好是鲜榨的）

明列子 1 小勺

制作步骤

在果汁中加入明列子。

如果发现明列子漂浮在果汁上，就用勺子稍稍搅拌一下。

明列子会吸水，它的种子外壳包裹着一层白色的膜，这层白色的物质中纤维素含量非常高，而纤维素可以帮助我们清洁肠道。

悠闲时光

因为名列子有着吸水膨胀的特点，如果在餐前服用可以增加饱腹感，这样进食量就会减少，所以很多商家在售卖明列子的时候打出减肥的口号。明列子虽然可以增加饱腹感，可是如果要靠它减肥却不可取，最重要的是，减肥的最佳途径和方式还是靠锻炼，任何靠吃这一单一行为来达到减肥目的的都不太靠谱，即便减下来也多少会伤害到身体。明列子浸泡膨胀后吃到嘴里口感比较脆，一般人都挺喜欢，而且加入到果汁中既营养又好喝。但要注意，明列子每次摄入量 4~5g 为佳，最高不要超过 10g。

罗勒蒸鳊鱼

既然罗勒那么百搭，那么蒸鳊鱼的时候怎么可以少了它呢？大家在做鱼的时候不妨加入一点罗勒，看看味道是不是有所提升。这道蒸鳊鱼极其简单，主要用到的调料就是蒸鱼豉油，甚至连盐都不需要，因为蒸鱼豉油本身就有咸味。但是鱼的鲜美却不会因为简单的烹饪方法而打折扣哦！

所需材料

鳊鱼 1 条

葱（切段）**、姜**（切丝）**适量**

蒸鱼豉油（主料）**适量**

新鲜罗勒叶 2 片

制作步骤

将新鲜罗勒叶塞入鱼腹中，并把葱段、姜丝、蒸鱼豉油都浇在鱼身上，上锅蒸 20 分钟即可出锅，时间不可过长，否则鱼肉会变老，味道也会随之变差。

玫瑰天竺葵

玫瑰天竺葵具有以假乱真的玫瑰香气，而且它的气味非常浓郁。在芳香疗法中常常会用到玫瑰天竺葵精油，此外，因为它对皮肤有着诸多好处而被加入到很多护肤品中。玫瑰天竺葵还具有抗忧郁的效果，经常饮用玫瑰天竺葵茶可以对抗忧郁、安定情绪，还可以缓解有痤疮与粉刺的肌肤。

玫瑰天竺葵小知识

适合种植的场所：朝南的阳台、窗台或者花园

对光照的要求：强

对水分的需求：中等至湿润

利用的部位：叶片、花朵

应用的领域：香草茶、美食、护肤品、芳香疗法

玫瑰天竺葵茶

玫瑰天竺葵可以说是芳香天竺葵群体中我最喜爱的一个品种，这种喜爱源于我对玫瑰的喜爱，可能是有点爱屋及乌吧，可惜的是玫瑰每年只开一季，花期短暂，所以自然而然地玫瑰天竺葵就成为了玫瑰的最佳替代品。

所需材料

新鲜玫瑰天竺葵叶片 2 枚

制作步骤

将新鲜玫瑰天竺葵叶片放入杯中。

在杯中倒入开水冲泡，待稍凉时便可饮用。

悠闲时光

虽然是替代品，但玫瑰天竺葵泡出来的茶饮味道甚至比玫瑰还要浓郁，而且正因为玫瑰天竺葵味道很浓，所以一次性不要放太多，对于刚开始尝试饮用的朋友来说，一片足矣！它类似于玫瑰的香气，可以驱散忧郁，所以下次心情不好的时候不妨饮用一杯吧！

玫瑰天竺葵芝士蛋糕

当甜美的芝士遇到芳香的玫瑰天竺葵，是怎样一种味觉与嗅觉的享受呢？通过制作这款简单的玫瑰天竺葵芝士蛋糕或许可以让你找到心中的答案。

所需材料

奶油奶酪 220g，鸡蛋 2 个，细砂糖 60g

新鲜玫瑰天竺葵枝条 1 根（10~15cm），**奥利奥饼干 80g**

黄油 35g，巧克力酱适量，6 寸活底模 1 个

制作步骤

1 剪下新鲜玫瑰天竺葵枝条，如果没有新鲜的，干燥的叶片也可以。将叶片从枝条上剥离下来，稍后会用到。

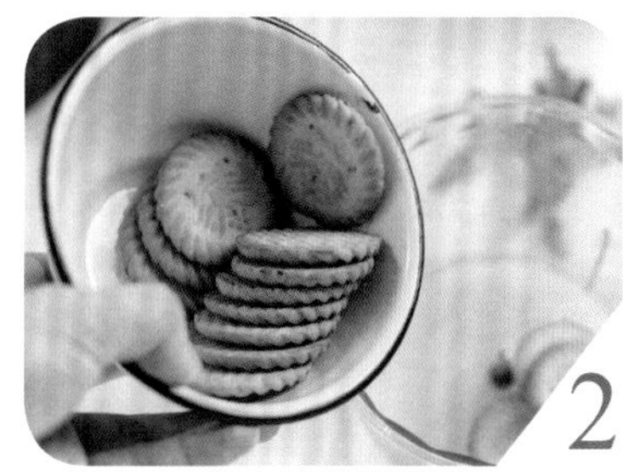

2 将奥利奥饼干加入到搅拌机中打成碎末，颗粒越细越好，可以用它来制作芝士蛋糕的饼底，我在外面吃过的很多芝士蛋糕都没有饼底，即使有也是颗粒很粗的那种，制作饼底的目的是为了让蛋糕的口感更加丰富。

3 只需要短短十秒钟，饼干碎就可以变成细腻的饼干粉了。我常常会感谢现代文明带给我们的便利，如果没有搅拌器或者电动打蛋器，那么做蛋糕对于很多人来说真的足够成为一项体力活而且需要有足够的耐心才能完成。

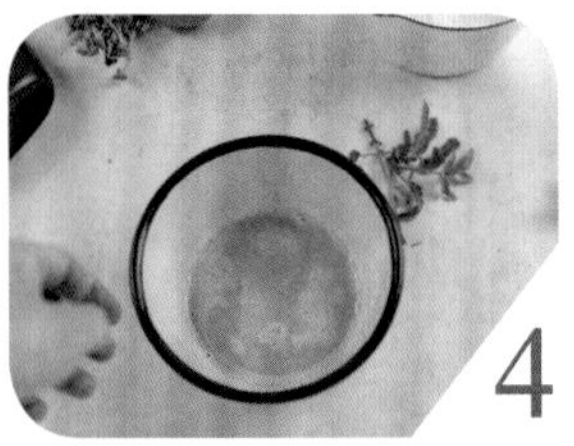

接下来切好黄油，加热让其融化成液体。

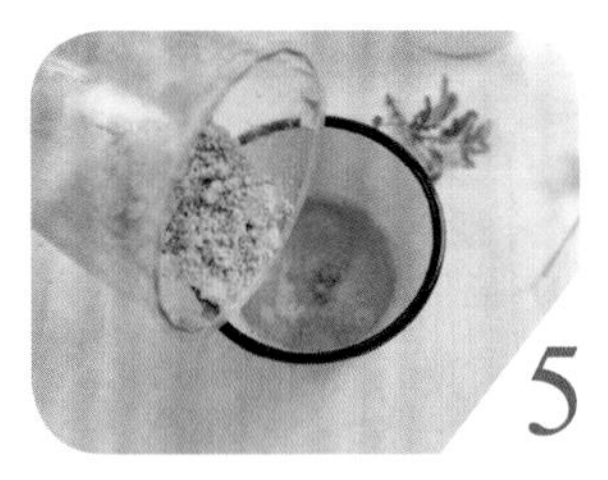

将融化的黄油和饼干粉混在一起。

用手或者勺子翻搅，使黄油和饼干末重复混合。

再用勺子将饼底压平压紧，这里我用的是活底模，因为这样后面脱模比较容易。

一切都弄好后就放入冰箱冷藏，记得覆盖上保鲜膜，因为黄油会吸收冰箱内别的气味。

接下来就要开始处理奶油奶酪了，也就是我们俗称的芝士，这也是芝士蛋糕的重中之重。将玫瑰天竺葵的叶片加入奶油奶酪中，然后隔水加热，加热过程中要不停地搅拌，让玫瑰天竺葵的香气与奶油奶酪充分融合，搅拌至奶油奶酪变得顺滑就可以了。

打两个鸡蛋，用打蛋器打散。

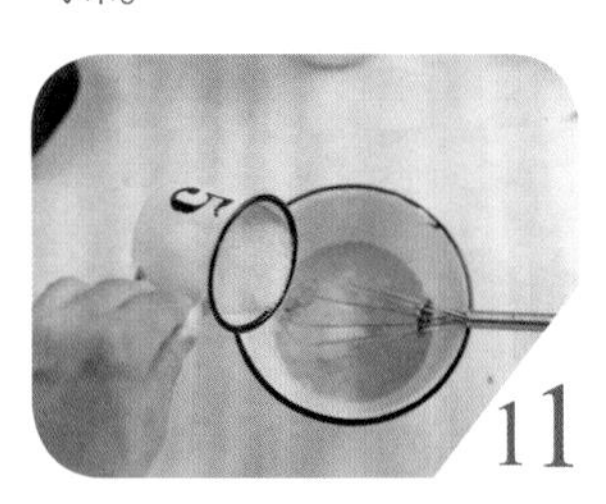

在鸡蛋液中加入细砂糖。

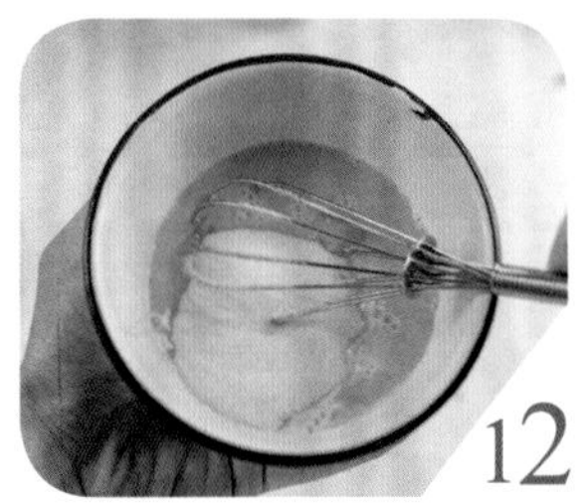

继续打，待感觉不到细砂糖的颗粒时就可以了。

把鸡蛋液倒入奶油奶酪中，倒入的过程需要不停地搅拌，这样就形成了我们最终的芝士糊，不过还差一步。

接下来我们把搅拌均匀的芝士糊过筛，这样玫瑰天竺葵的叶片就被过滤下来了，而过筛后的蛋糕糊颗粒也会变得更为细腻润滑，吃起来口感也更棒。

这就是过滤下来的玫瑰天竺葵的叶子。

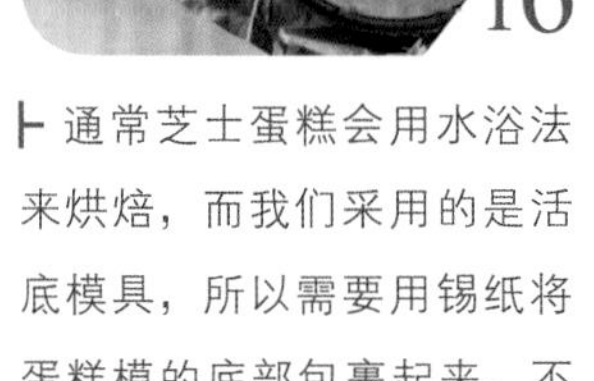

通常芝士蛋糕会用水浴法来烘焙，而我们采用的是活底模具，所以需要用锡纸将蛋糕模的底部包裹起来，不让水渗透进去。

把过筛后的蛋糕糊倒入模具中。

├ 用巧克力酱淋一圈在蛋糕表面作为装饰，其实这一步可有可无，完全看个人喜好。

├ 用筷子划出花纹。

├ 此时就要准备进烤箱了。

├ 取一个方形烤盘，里面盛有约三分之一的水，然后把模具放进去，如果之前锡纸没有把底部包裹好的话，那么会渗水。

├ 送入烤箱，烤箱需要 170 度提前 10 分钟预热，烘焙时间约为一个小时，看到表面变成金黄色的时候就可以取出来了。

├ 烤好的蛋糕送入冰箱冷藏一夜后就可以食用了，食用时不需要回温，因为芝士蛋糕冷藏口感会更好，如果回温则会变得过于绵软。

├ 切芝士蛋糕的时候将道具摆在开水中烫一下，然后迅速擦干再切，这样可以让切口比较平整。

悠闲时光

当你吃到嘴里的时候就可以感受到美味的芝士以及玫瑰天竺葵所带来的双重味觉享受啦！还有，你一定不会后悔制作了这款美食的，绝对会让你的味蕾达到空前的满足感。

迷迭香

迷迭香是一种著名的香草，原产于地中海沿岸的悬崖之上，每天被海雾吞没，所以又被称为“海洋之露”。而且，因为圣母玛利亚曾携带耶稣躲在迷迭香的灌木丛中，故而在英文中迷迭香还被称为“玛利亚的玫瑰”（rosemary）。在西方，迷迭香是一种相当重要的香草，其重要性不亚于我国的大蒜，很多烧烤中如果没有迷迭香就会变得索然无味。迷迭香具有超强的抗氧化能力，泡茶饮用可以活化大脑细胞，泡澡用可以舒缓压力、增强免疫力，同时还具有消炎和杀菌的功效。

迷迭香小知识

适合种植的场所：朝南的阳台、窗台或者花园

对光照的要求：强

对水分的需求：中等，待土干了再浇水

利用的部位：枝条

应用的领域：香草茶、美食、护肤品、芳香疗法

迷迭香黄油

在国外可以看到包裹着各种各样香草的黄油，价格比普通黄油高，既然如此为什么不试一试自己动手制作呢，只需短短几分钟就可以轻松完成的迷迭香黄油是香草黄油中的经典。

所需材料

黄油 100g

迷迭香枝条 2 根

制作步骤

1 将黄油和迷迭香枝条放在容器中，再放入微波炉，用高火打两分钟，黄油会融化成液体，迷迭香的香气经过加热也会深入到黄油中，然后放在常温下冷却凝固就可以了。

2 当其凝固成固体时，就可以轻松脱模了。

3 用刀切成小块。可以涂抹在面包上，也可以用来制作迷迭香风味的蛋糕。

悠闲时光

在制作这款黄油时，迷迭香的枝条可以取出来也可以不取，取出来的话日后不太好辨认，所以如果会制作不同的香草黄油，那最好不要取出来，这样不容易混淆。这里用到的容器等于起到了模具的作用，可以选择自己喜欢的款型。不光是迷迭香，别的香草例如马郁兰、百里香等也都可以做，做一些摆在冰箱里平时早餐用时就很方便。

迷迭香烤土豆

土豆也叫洋山芋，用它制成的薯片、薯条已经成为世界上最风靡的小食，不过吃土豆的花样还很多，比如用迷迭香烤土豆。

所需材料

土豆 3 个

咸鸭蛋 2 个（一定要咸鸭蛋）

迷迭香枝条 3 根

鸡精 1 小勺

制作步骤

1 把土豆洗净放在电饭锅上蒸熟，时间大约是 40~50 分钟，当然时间长短可以灵活把握，感觉差不多熟了的时候可以用一根筷子插入土豆中，如果能轻松插进去则表明土豆已经熟透了，如若感觉到有一定的阻力，则需要再蒸一会儿。这一步最关键的就是一定不能削掉土豆皮。有的人喜欢用钢丝球去擦拭土豆皮，这样也是不可以，只要洗净就行，至于为什么稍后会说到。

2 将蒸熟的土豆用刀对半切开。

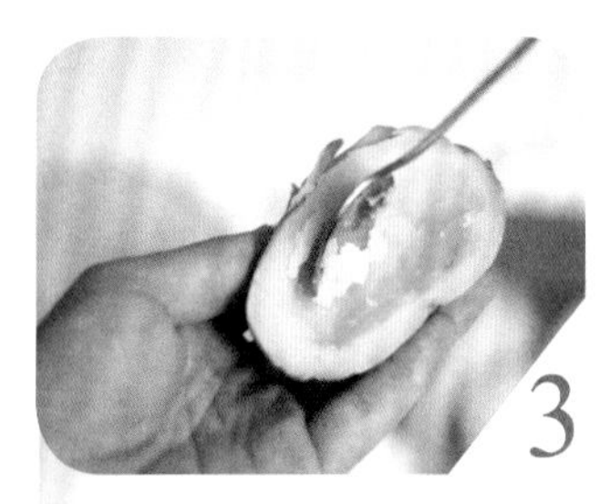

用不锈钢勺子将土豆内部挖空，如果没有完整的土豆皮保护，那么很难在挖空的过程中保持土豆外形的完整，所以在进行第一步的时候只需要将土豆表皮洗干净就行了，保留它的外皮可以起到一个保护套的作用。

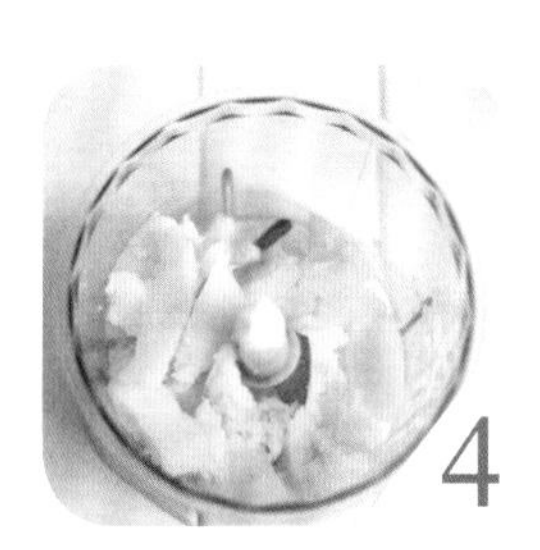

将挖出来的土豆放入搅拌机中。

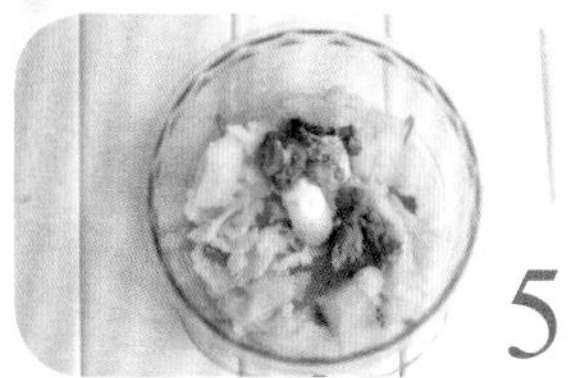

将咸鸭蛋剥开，把咸鸭蛋黄也放入搅拌机中。

把迷迭香的叶子逆着枝条生长的方向捋下来也放入搅拌机中，再加入一小勺鸡精，开动开关，将土豆打成泥状。

打好的土豆泥应该是一种很顺滑的样子，有点像奶油，这时候把土豆泥回填至挖空的土豆中。

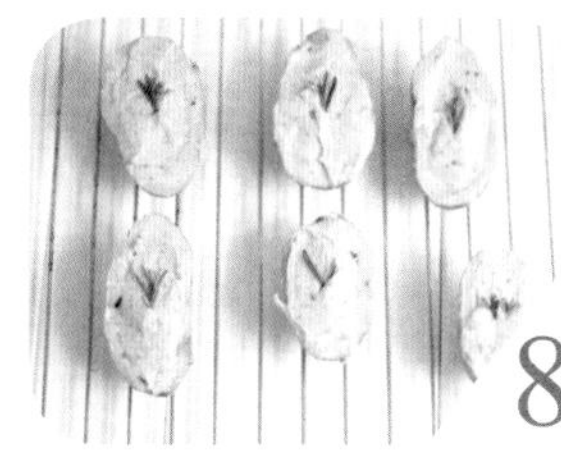

在填好的土豆上再放上迷迭香的叶子作为点缀，放入烤箱，烤箱 150 度提前 10 分钟预热。

约 10~15 分钟后，烤至表层皱起即可取出烤箱，装盘。

悠闲时光

吃的时候可以用勺子挖其中的土豆泥吃，也可以连土豆泥带外壳一起吃，喜欢芝士的朋友们在做的时候也可以在搅拌时放入一些芝士，这样烤出来的土豆泥还会有一种奶香味，或者将芝士切成条放置在土豆表面送入烤箱，这样随着温度的上升，芝士会在表层融化开来，再配合迷迭香的味道，实在是太好吃了！

柠檬香蜂草

柠檬香蜂草是一种十分常见的原产于地中海沿岸的香草，因为有着类似柠檬般的气息又有着与薄荷相似的叶片，所以有的地方把它称为柠檬薄荷。饮用柠檬香蜂草自古以来在欧洲就被认为是长寿之道，而在北美人们没有茶叶可以饮用时也会用柠檬香蜂草来代替。但如果你种植过柠檬香蜂草，就会发现它的味道一年四季都不太一样，这是由于温度的变化而引起的，春季和初夏时它的香味最为迷人，这段时间也是香蜂草生长的旺季，如想将其应用在料理中或是用来冲泡香草茶，这时候的叶片是最香的。利用柠檬香蜂草泡茶除了可以为我们带来柠檬气息外，还具有缓解感冒症状、抗忧郁、止痛等保健作用，但是在怀孕期间请避免使用。柠檬香蜂草我们简称为香蜂草，而不是柠檬草，因为在英文中柠檬草（lemon grass）指的是另一种芳香植物——柠檬香茅。

柠檬香蜂草小知识

适合种植的场所：朝南的阳台、窗台或者花园

对光照的要求：强

对水分的需求：中等，在土壤未干透前就要给予充分浇水

利用的部位：花朵、叶片

应用的领域：香草茶、美食、护肤品、芳香疗法

香蜂草奶茶

在一个阳光明媚的早晨，泡一杯透露着淡淡柠檬气息的奶茶，确实是一件十分惬意的事儿，这样的生活有谁不爱呢？

准备材料

柠檬香蜂草 1 枝

奶茶粉 1 勺

制作步骤

1 在杯中放入奶茶粉。

2 再放入柠檬香蜂草。

3 用开水冲泡，5 分钟后就可以饮用了。

柠檬香蜂草奶油蛋糕

我家里种的柠檬香蜂草长得很快，在打顶时收获了许多枝条，除了用来泡茶外还可以制作蛋糕。如果你是柠檬香蜂草初级入门者，在制作的时候选用 2 根枝条即可，中级爱好者可以用 4 根枝条，而狂热爱好者就需要 6 根以上，这都要根据自己的口味来决定的。

所需材料

黄油 50g，面粉 100g

细砂糖 50g

动物性淡奶油 100g

鸡蛋 1 个

新鲜柠檬香蜂草 2 根（长度在 10cm 左右）

泡打粉 1/4 小勺

制作步骤

1 将新鲜柠檬香蜂草洗净后切碎。

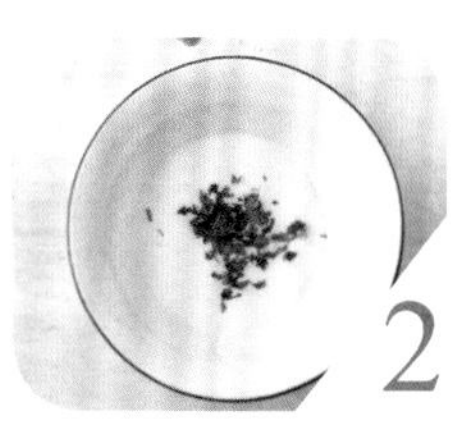

2 把切碎后的柠檬香蜂草加入到动物性淡奶油中。

3 打一个鸡蛋。

4 将细砂糖加入并把鸡蛋打散。

5 将打散后的鸡蛋加入到动物性淡奶油中。

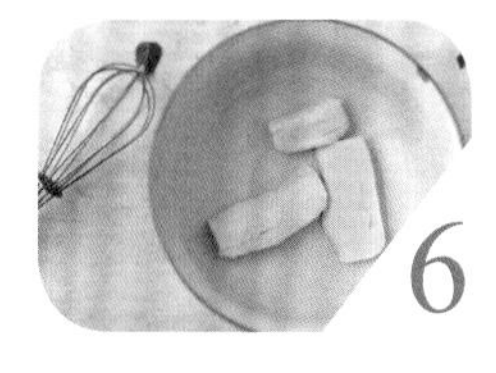

6 黄油提前取出在室温中软化。

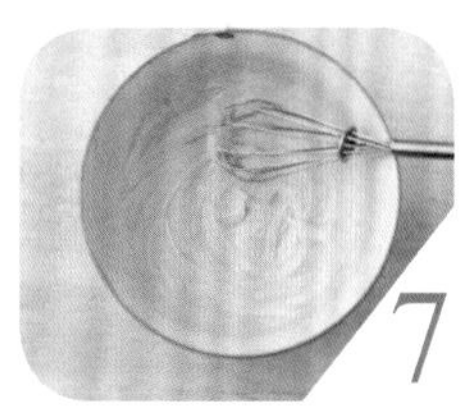

7 用打蛋器将黄油打发。

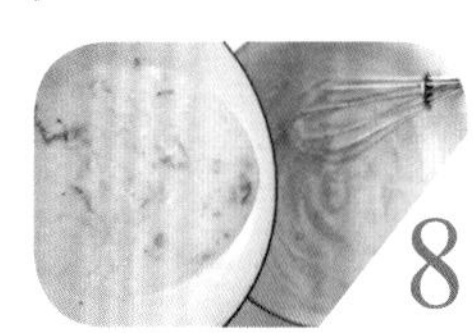

8 分三次倒入之前的奶油鸡蛋液，每次充分搅拌均匀后再进行下一次倒入。

9 筛入面粉。

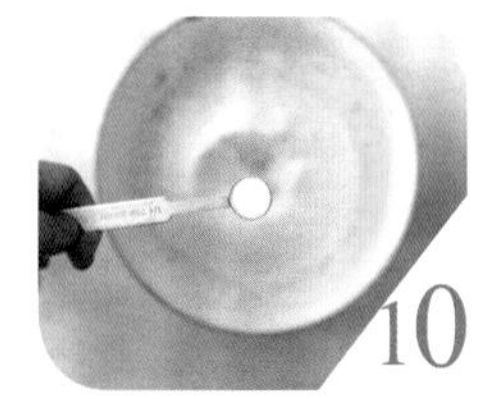

10 加入泡打粉。

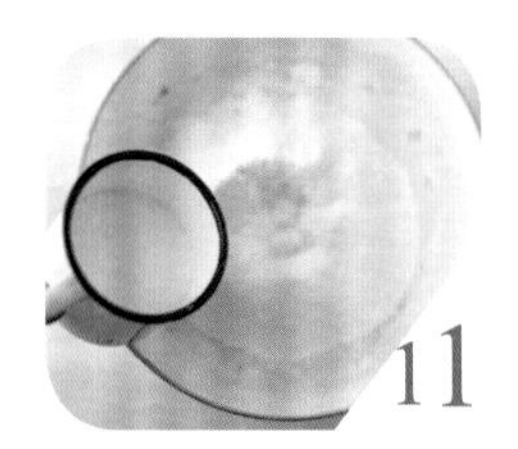

11 ├ 用刮刀将蛋糕糊上下翻搅均匀。

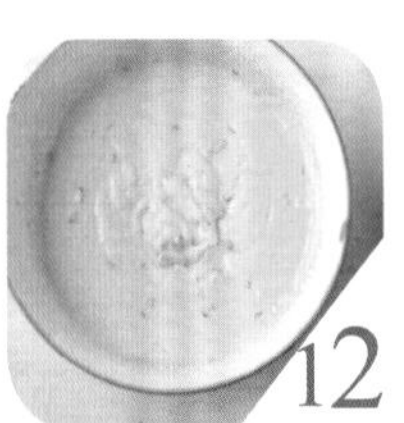

12 ├ 将蛋糕糊倒入纸杯中，放入烤箱，烤箱170度提前10分钟预热。

13 ├ 约15分钟后取出。

悠闲时光

这款柠檬香蜂草蛋糕可以说是入门级别的，因为香蜂草的味道并不会特别浓郁，而淡奶油的味道又绝对够浓，适合刚开始尝试香草的人食用。如果你想挑战自己，可以增加柠檬香蜂草的用量哦，如果还嫌不够就用柠檬香蜂草来制作香蜂草黄油、香蜂草糖，然后再用这些材料做蛋糕，这样味道就会显得十分浓郁了。

柠檬香茅

柠檬香茅产于亚洲热带地区，在我国南方也多有栽培，因其叶片中含有柠檬醛而使得植物全株具有柠檬气息，所以我们也叫它为柠檬草。柠檬香茅是东南亚料理中的重要调味料，尤其在泰国菜中，几乎无所不在，著名的冬阴功汤里就有柠檬香茅。如果我们想在家里做出具有热带风情的美食，不妨加一点柠檬香茅进去。柠檬香茅泡茶饮用可以帮助消化和预防传染病，而且对腹泻、头痛、发烧、流行性感冒也有一定的辅助疗效，同时还可以帮助清新口气，有一种口香糖就是柠檬草味的。

柠檬香茅小知识

适合种植的场所：朝南的阳台、窗台或者花园

对光照的要求：强

对水分的需求：中等至湿润都可以

利用的部位：茎、叶

应用的领域：香草茶、美食、护肤品、芳香疗法

柠檬香茅炒蛏子

先来说一说柠檬香茅，英文名为 lemon grass，翻译过来就是柠檬草。柠檬香茅植物中含有柠檬醛这样的芳香物质，所以它具有柠檬的香气，但是却没有柠檬的酸味，无论是用来泡茶还是制作料理都是很好的选择，此外用柠檬香茅煮成的水喷洒在家中还可以起到驱蚊的作用，现在不是有一种驱蚊手环么，里面就是添加了柠檬香茅的精油。柠檬香茅是东南亚菜系中必不可少的调味料，如同我们炒菜用到的葱姜蒜一般，泰国人更是将其发挥到无孔不入的地步，凡是你能想起来的泰国菜几乎没有不使用香茅的，著名的冬阴功汤中的香气也主要是由柠檬香茅和柠檬叶来提供的。

再来说说这道菜中的主角蛏子，小孩子看到这个名字总是会问大人怎么读，弄不好会读成“圣子”，实在

有趣的很。蛏子在贝类中是好孩子，因为它皮薄肉多，形状好像是刀片一般，西方人称它为“剃刀贝”，东方的日本人则叫它“马刀贝”。以前海水没有污染，渔民打捞起蛏子会直接生吃，现在已经不敢这么做了。中国沿海产蛏子的地区也很多，各地的吃法不太一样，福建人喜欢用它来煲汤或者清炖，广东人则喜欢加点大蒜、葱和酱炒着吃。以前交通不便的时候，内陆人不太懂得如何去吃海鲜，其实诸如蛏子这样的贝类炒着吃是非常鲜美的，尤其是当它遇见了柠檬香茅的时候。

我认识的很多朋友都不会烧海鲜，他们认为烧海鲜是一件很复杂的事情，并且需要非常高超的记忆，其实不然，我个人觉得海鲜是所有食材中最容易料理的，即便是第一次做也很难不成功。

所需材料

新鲜柠檬香茅 2 根

干尖椒 3 个

蛏子 500g

鲍鱼汁 1 大勺（15ml）

白酒 1 大勺

鱼露 1 小勺（5ml）

大葱适量

蒜瓣数枚

姜少许

制作步骤

┣ 将新鲜柠檬香茅的根部切成片。

┣ 将蒜瓣切片。

┣ 将大葱切成段。

┣ 将干尖椒切段。

┣ 再切一点姜丝，所有的食材都准备就绪后开始料理蛏子。

┣ 把蛏子放入锅中，先用水焯一遍。

┣ 水烧开后立刻关火倒掉，将蛏子捞出来。

┣ 此时蛏子的两片壳已经打开，可以看到壳里有一条黑褐色的线状物，我们用手把它取出来。

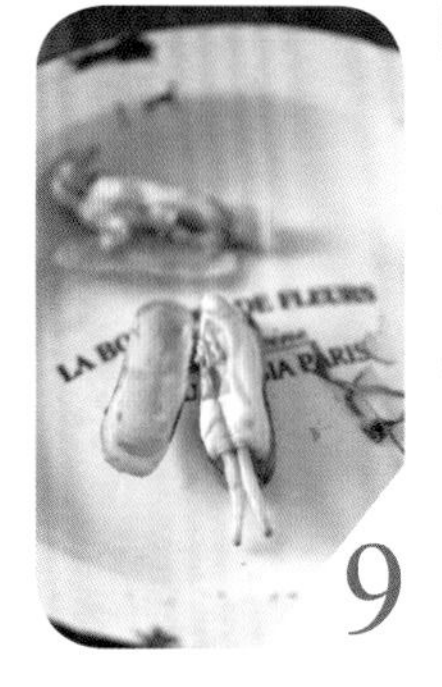

┣ 在外就餐时我都会观察，讲究的饭店会把蛏子中的黑线去掉，但更多的则没有去掉，其实吃下去也无妨，只是口感会打折扣。

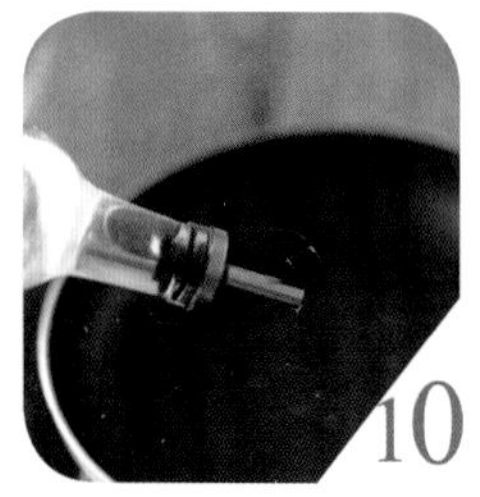

┣ 锅洗干净后倒入食用油。

┣ 油开后下入葱段、姜丝、蒜片以及干尖椒段，翻炒一分钟爆香。

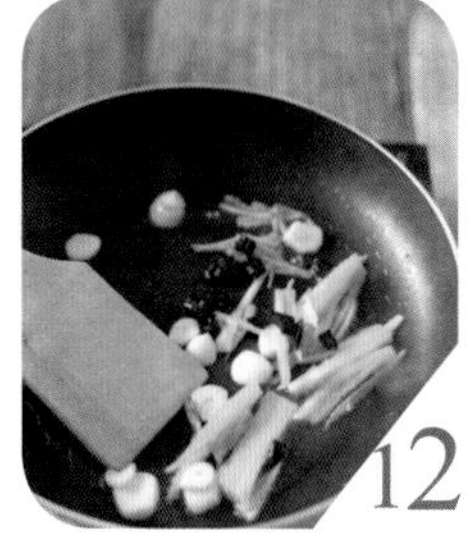

┣ 接下来倒入清理干净的蛏子。

┣ 翻炒一分钟，高火翻炒。

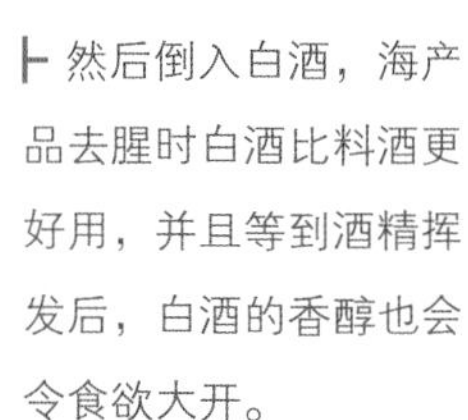

┣ 然后倒入白酒，海产品去腥时白酒比料酒更好用，并且等到酒精挥发后，白酒的香醇也会令食欲大开。

┣ 倒入鲍鱼汁。

┣ 放入柠檬香茅，翻炒一分钟。

┣ 尝一下味道，如果觉得淡了加一点点鱼露，只能加一点，因为鱼露比较咸，继续翻炒一分钟就可以关火装盘了。

┣ 这道菜中加入的两种调味品鲍鱼汁和鱼露都取自海洋，与蛏子的味道十分调和，三者混合相得益彰，更加美味。

悠闲时光

这道菜在装盘后趁热食用味道是最好的，海鲜都是趁热吃比较好，一旦变凉了，口感、鲜味都会有所下降。很简单的一道菜，在家用不了几分钟就可以做得出来，希望喜欢这道带有东南亚风情的柠檬香茅炒蛏子！

柠檬香茅排骨汤

淡淡的柠檬香气带来不一样的小清新排骨汤。

所需材料

排骨适量

生姜 1 块

新鲜柠檬香茅叶片 4~5 枚

鸡精和盐适量

制作步骤

1 把生姜切成片，放在一边，备用。

2 将排骨先用热水焯一下，沸腾后立刻用清水把排骨冲干净。

3 将生姜片、新鲜柠檬香茅叶片、排骨一起放入砂锅中，用大火烧开后改文火煨一个小时。

4 再加入鸡精和盐进行调味。

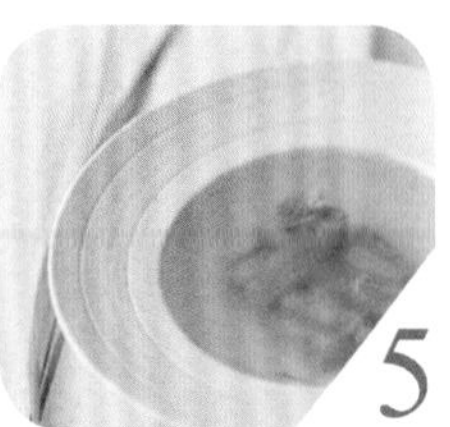

5 尝尝味道，如果可以即能装盘。

悠闲时光

排骨汤趁热喝最鲜美，而且加入了柠檬香茅的排骨汤喝起来颇具泰国菜的风味，喜欢的朋友不妨尝试一下！这道汤做起来一点都不费劲，刚开始学习做饭的朋友可以很轻松就做出来。

柠檬香茅烤鸡

利用家中的烤箱来制作烤鸡相信不少人尝试过，其实，这道柠檬香茅烤鸡的制作方法相当简单，只需要在腌制鸡肉的时候加入柠檬香茅就可以了，而且立马能为这道菜带来独特的东南亚风味。

所需材料

鸡 1 只

烧烤用调味料适量（用量参照包装说明）

柠檬香茅 1 根（长度约 1m）

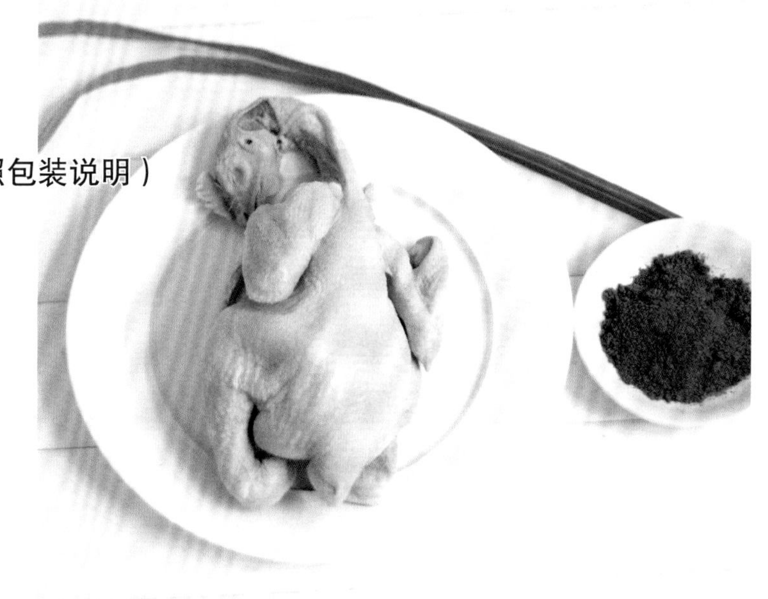

制作步骤

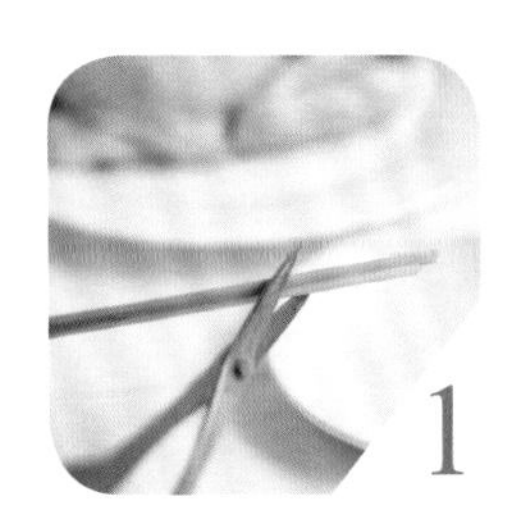

柠檬香茅很长，所以我们需要先用剪刀将其剪成段，然后放在小碟子中。

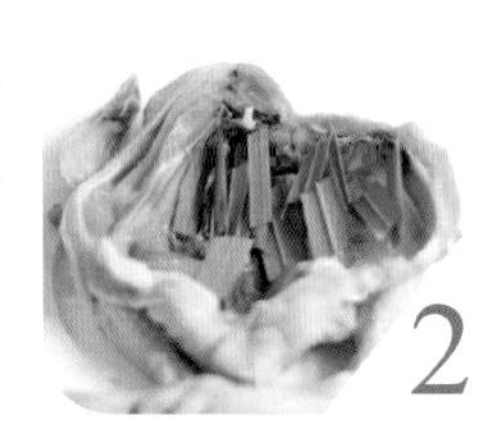

将柠檬香茅段填入鸡肚中，不用担心因为放得太多而使味道变重，一般，如果柠檬香茅放的不够多，经过烘烤后味道基本吃不出来。

把烧烤用调味料均匀地抹遍鸡的全身。

鸡肚子里面也要抹到烧烤用调味料。

这是处理完的整鸡，放置 6 小时后味道就会渗入到鸡肉中。

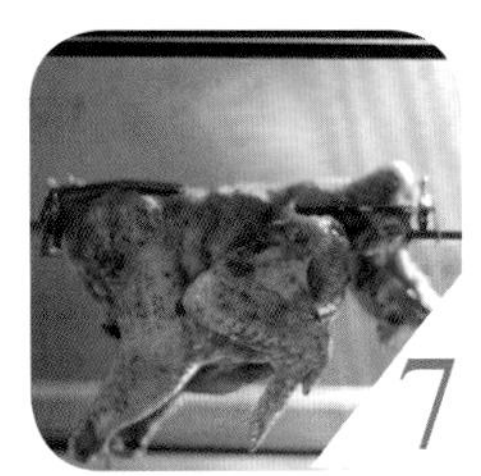

将腌好的鸡用烤鸡专用的叉子叉起来，放入烤箱，烤箱 200 度提前 2 分钟预热。

当烤至表皮焦黄的时候就可以出烤箱了。

悠闲时光

有人问我做这道烤鸡的具体烤制时间，这个还真说不准，因为每台烤箱的体积、容量功能都不太一样，所以不能一概而论，就我的这台烤箱是烤了 20 分钟，我建议大家在烤的过程中不时地检查下，没熟可以继续烤，可是如果一旦烤老了就会严重影响口感。这道柠檬香茅烤鸡外酥里嫩，味道很棒，而且制作步骤也不是很复杂，自己在家做比在外面买的要卫生很多，所以不妨在周末的时候亲自下厨做一做。

柠檬香茅蒸鳊鱼

加入柠檬香茅的清蒸鳊鱼味道是极好的，鱼肉的鲜嫩加上柠檬香茅中的柠檬味，可以同时带来味觉与嗅觉上的双重享受。

所需材料

大鳊鱼 1 条

鱼露 2 大勺（30ml）

蒸鱼豉油 3 大勺（45ml）

料酒 2 勺（30ml）

柠檬香茅 2 根（剪成段）

葱、生姜适量

食用油 3 大勺

制作步骤

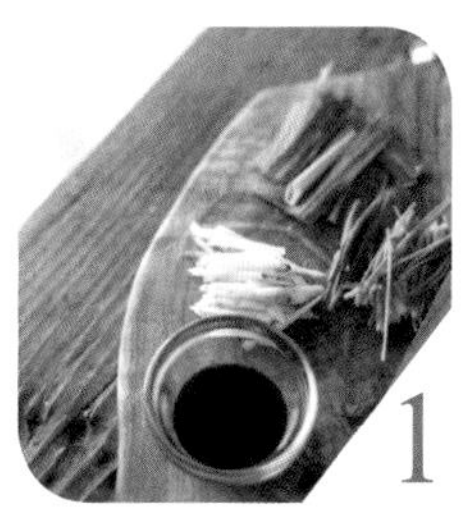

把生姜切成丝、葱切成段、柠檬香茅切成段，然后把蒸鱼豉油和鱼露混合。

用刀在鱼身上划开一道道口子。

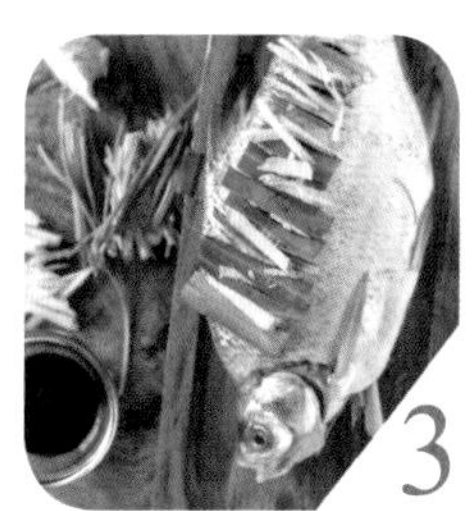

把柠檬香茅段和姜丝塞进划开的口子中，然后把剩下的和葱段一起塞入鱼腹内。

在鱼身上撒上料酒。

上锅大约蒸 20 分钟后出锅。

6

├ 把鱼露和蒸鱼豉油的混合调理均匀地倒在鱼身上。

7

├ 待食用油烧开后泼在鱼身上，注意油温很高，小心烫伤。

悠闲时光

这道蒸鱼的关键在于不要再额外放盐，因为蒸鱼豉油和鱼露本来就有咸味，特别是鱼露咸味还比较重，如果盐再放多就会过咸。这道鱼吃到嘴里的时候可以感受到淡淡的柠檬气息，非常美妙。

柠檬马鞭草

柠檬马鞭草是“柠檬三剑客”中我最爱的一种，另外两种是柠檬香蜂草和柠檬香茅。几乎所有闻过柠檬马鞭草味道的人无一不称赞，确实，它总是在柠檬味中透着一丝淡淡的清新，十分吸引人。可以用它来泡茶或者加入到饮品中，不仅有利尿作用，还可以帮助消除胀气。

柠檬马鞭草小知识

适合种植的场所：朝南的阳台、窗台或者花园

对光照的要求：强

对水分的需求：中等，待土干了再浇水

利用的部位：叶片

应用的领域：香草茶、美食、芳香疗法

柠檬马鞭草蛋挞

蛋挞大部分人吃过，尤其喜欢吃甜食的人，可是有没有吃过柠檬味的蛋挞呢？下面就用柠檬马鞭草制作这么一款蛋挞，让大家尝个究竟，看看味道是什么样的。

所需材料

新鲜柠檬马鞭草枝条 10 根

鸡蛋 5 个

淡奶油 200g

牛奶 150g

香草炼乳 1 大勺

细砂糖 60g

低筋面粉 20g

蛋挞皮 10 个

制作步骤

因为蛋挞皮可以直接从市面上买来，所以我们这里只需要制作蛋挞馅。

1 在锅中倒入淡奶油。

2 将新鲜柠檬马鞭草枝条与牛奶一起加热煮沸，这样柠檬马鞭草的香味才会融入牛奶中。

3 将柠檬马鞭草从牛奶中捞出来，然后把牛奶倒入淡奶油中。

4 在锅中加入细砂糖。

5 再加入香草炼乳，所谓香草炼乳就是利用香草棒浸泡的炼乳，一般至少需要一个月的时间香草味道才会渗透到炼乳中，不过普通炼乳也可以用。用打蛋器把上述材料搅拌均匀。

├ 制作蛋挞只需要蛋黄，所以我们需要借助一下分蛋器，剩下的蛋清不要浪费，可以用来烧菜或者做汤，也可以用来做面膜。

├ 将蛋黄倒入锅中。

├ 筛入低筋面粉。

├ 用打蛋器搅拌均匀，这样蛋挞馅儿就制作完成了。

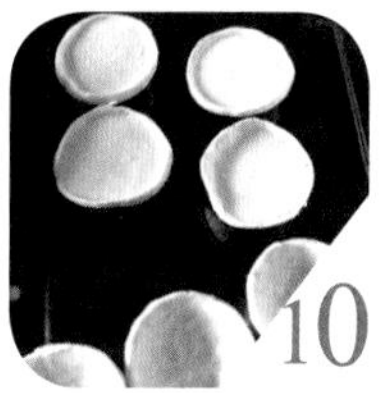

├ 把制作好的蛋挞馅儿倒入蛋挞皮中，高度约 9 分满，放入烤箱，烤箱提前 10 分钟 190 度预热，当烤至表面金黄时就可以出炉了。

悠闲时光

这款蛋挞的制作十分简单，熟练操作的话 10 分钟就够了，下次想吃蛋挞不妨自己做吧！而且吃起来味道绝对不亚于外面卖的，况且还能增加自己动手的乐趣，何乐而不为呢？

柠檬马鞭草果冻

柠檬马鞭草果冻是一款看起来就清爽可人的减肥甜品，想要减肥而又抗拒不了甜品的人可以试试这款美食，既解馋还低卡哟。

所需材料

新鲜柠檬马鞭草枝条 2 根

烧仙草粉 50g

细砂糖 20g

时令水果若干（什么都可以）

水 1L

制作步骤

├ 把细砂糖加入到烧仙草粉中。

├ 倒入少量凉水让其完全溶解，不用太多，大约一杯水就可以。

├ 接下来开始切水果，这里选择的水果是提子，芒果、黑布林和桃。提子是葡萄的一种，非中国原产，后来葡萄从西域传入我国，而芒果的原产地在南亚南洋一代，真正属于我们自己的水果应该就是李子和桃子，黑布林其实是一种黑李子。

├将提子、葡萄这一类水果剖开来去籽，否则会极大影响口感。

├ 同理，黑布林也要去核，凡是需要剥皮的水果都要去皮，而需要去核的一概去核。

├ 把切好的水果装入一个 1L 的模具中。

├ 烧一壶开水，冲入刚才溶解好的烧仙草溶液，算作二次稀释。

├ 把新鲜柠檬马鞭草塞入水果中，倒入烧仙草溶液，此时温度很高，需要注意防止烫伤。

├ 一个小时后，随着温度的冷却，应该已经凝固了，如果没有完全凝固还请耐心等待。

├ 用刀先顺着模具边缘划一圈。

├ 然后把模具倒扣过来，脱模就完成了，食用的时候可以切成一小片一小片的，放在碟子里，煞是好看，当然最后别忘了摆上柠檬马鞭草作为装饰。

悠闲时光

在做的过程中当然也可以加入别的香草作为点缀，但最好是同属柠檬味的香草。这款柠檬马鞭草果冻的香味比较适中，因为在制作的时候已经加入了马鞭草，最后在模具中放入马鞭草只是为了达到美观的效果。

提示：将柠檬马鞭草最后塞入，并且用水果压住，如果直接放上去，那么水一冲马鞭草一定会浮起来，不会固定在水果冻的中间。

柠檬马鞭草气泡水

作为夏季里的清凉饮品，柠檬马鞭草气泡水总是会让所有喜欢柠檬味的朋友爱不释手。

所需材料

盐汽水 1 瓶

朗姆酒 30ml

柠檬 2~3 个

柠檬马鞭草枝条 2 根

制作步骤

1 将盐汽水倒入瓶中，只要八分满就行，这里用的瓶子容量约为 550ml。

2 将柠檬切片。

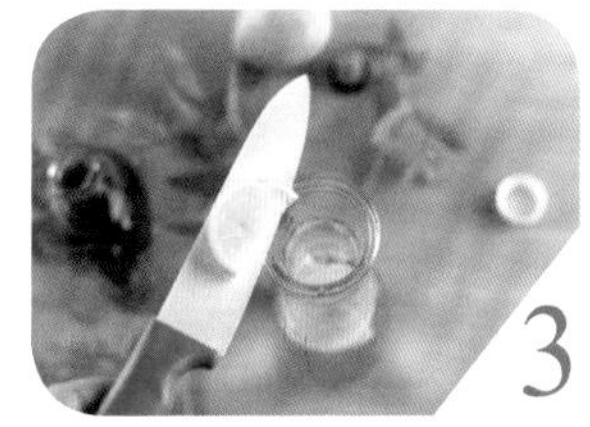

3 将柠檬片放入盐汽水中。

4 在杯子中倒入朗姆酒，黑朗姆酒在视觉上会更好一些。

5

别忘了再放入一根柠檬马鞭草枝条。

6

剩下的柠檬马鞭草枝条插在瓶口作为装饰。

悠闲时光

就这样，一杯简单的柠檬马鞭草气泡水就做好了。这杯透着清新柠檬气味的饮品如果加以冰镇味道会更好。在制作的时候注意要先倒入盐汽水，然后再倒入朗姆酒，这样就会出现好看的液体分层。

肉桂

肉桂是一种产自于热带地区的高大乔木，我们炒菜时常说的桂皮其实就是肉桂的皮，将它打成粉就成为我们烘焙中常用的肉桂粉了。肉桂不耐寒，因此只有在我国南方才有栽培，而且最好将它种植在花器中，这样可以限制根部的生长，不至于长成参天大树，而且到了冬天寒冷的时候也便于搬入室内。肉桂本身有一种特殊的醇厚香气，加入到食物中能起到开胃的作用，非常受东西方人的喜爱。

肉桂小知识

适合种植的场所：朝南的阳台、窗台或者花园

对光照的要求：强

对水分的需求：中等，但也能种植在偏湿润的土壤中

利用部位：叶片、树皮

应用的领域：香草茶、美食、芳香疗法

水果肉桂蛋糕

这款蛋糕适合大部分人来做，只要家里有烤箱就可以不费多大力气做出来，不管是作为正餐还是休闲时的零食都可以。而且这款浓浓的奶香加上肉桂香味，光是从嗅觉上就可以将我征服了。

所需材料

黄油 100g，鸡蛋 2 个

淡奶油 120g

低筋面粉 100g

黑布林 1 个，细砂糖 70g

泡打粉 2 小勺，红曲米粉 1 大勺

肉桂粉 1 小勺

制作步骤

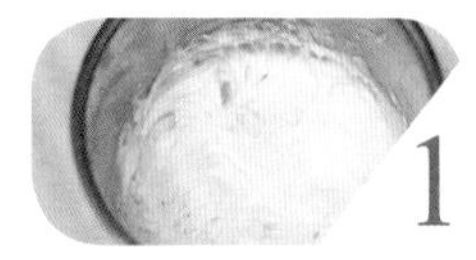

1 将黄油提前两小时从冰箱中取出回温，然后用打蛋器将软化后的黄油打发。

2 将鸡蛋打散后分 2~3 次加入到打发的黄油中。

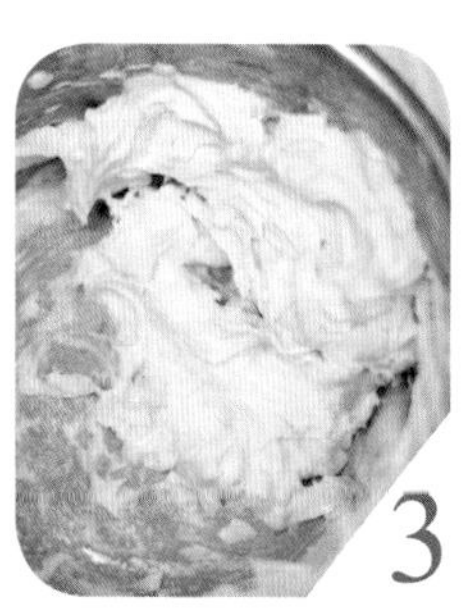

3 黄油一定要打发好，否则无法将鸡蛋液裹住，而且会油水分离，打好的黄油与鸡蛋混合物应该是一种类似奶油的东西。

4 在混合物中倒入淡奶油。

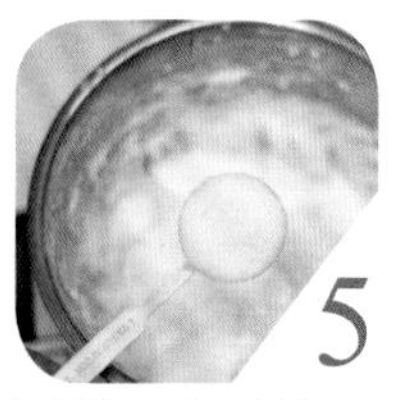

5 再加入细砂糖。

6 然后再筛入低筋面粉。

7 随后可筛入泡打粉。

8 再筛入红曲米粉和肉桂粉，红曲米粉是由红曲米研磨成粉末状的一种物质，并不会改变蛋糕的味道，但可以充当天然的染料，让蛋糕的颜色变得与众不同。

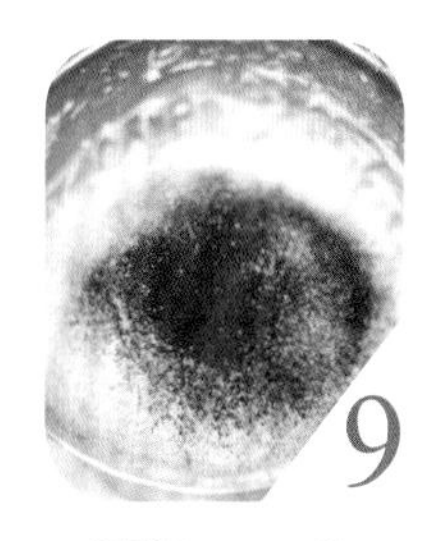

┣ 用挂刀将混合物搅拌均匀，至此蛋糕糊就完成了。有的人不习惯肉桂的味道，那么可以用 1/2 小勺香草油来替代。

┣ 将黑布林切成丁，倒入蛋糕糊中。

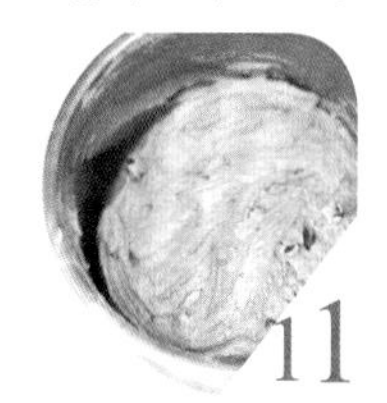

┣ 用刮刀搅拌均匀。

┣ 将蛋糕糊小心地装入纸杯中，每个纸杯装八成满就可以了，分量约为 6 杯。

┣ 送入烤箱，烤箱 180 度上下火提前 10 分钟预热，约 20~30 分钟后，当纸杯中的蛋糕高高地鼓起来时就可以出炉了。

悠闲时光

烤制后的蛋糕变成了粉红色，但这颜色并不是因为加入了色素，因此可以放心食用。而且，由于淡奶油比例很高，所以吃到嘴里有浓浓的奶香味，这种味道与肉桂香味交织混合，令人十分难忘。

紫苏

紫苏是亚洲料理中常会用到的香草，尤其在日本被广泛使用，但是紫苏不见得都是紫色的，也有绿色的，这种被称为白苏或者绿苏，也有叶面是紫色、叶背为绿色的双色紫苏。紫苏的味道比较清淡，符合我们中国人的口味。而且，紫苏具有解毒的功效，常常与鱼虾搭配食用。很多日本料理中都用青苏也就是绿色的紫苏来作为装饰或者卷饭团。

紫苏小知识

适合的种植场所：朝南的阳台、窗台或者花园

对光照的要求：中等，耐半阴

对水分的需求：中等偏湿润

利用的部位：叶片

应用的领域：香草茶、美食

紫苏米饭

所需材料

新鲜紫苏叶 6~8 枚

大米 1 碗

紫苏醋适量

制作步骤

├ 将大米淘洗干净，再在淘好的米上放入新鲜紫苏叶。

├ 倒入5~10滴紫苏醋，紫苏醋是将紫苏叶连带枝条2~3根浸泡在糯米醋中放置一个月浸泡而成的。

├ 将米饭蒸熟即可吃到香喷喷的紫苏米饭了。

悠闲时光

这就是煮好的紫苏米饭，闻起来有淡淡的醋香味和紫苏叶味，食用时可以将紫苏叶片去掉。想要对没什么味道的白米饭说再见，就要花点小心思，只要这么简单的一两步就可以轻轻松松让自己的米饭变得与众不同。

紫苏烧鲫鱼

紫苏搭配河鲜、海鲜是最适合不过的了，据记载，紫苏本身就具有解鱼蟹毒的功效。日本人喜欢吃的寿司中所含海鲜较多，所以经常会搭配紫苏一起食用。

所需材料

鲫鱼 2 条

新鲜紫苏枝条 3 根

盐 1/2 小勺，糖适量（做调味）

生 1 大勺

料酒 1 大勺

耗油 1 小勺

葱、姜、蒜少许

胡椒粉根据个人需要添加

制作步骤

先来处理鲫鱼，一般买鱼的时候可以要求店家帮忙把鱼鳞去掉，但是买回来就要立即料理。其实自己也可以用刀背把鱼鳞刮去，然后在鱼身上划几道口子。

中国人凡是料理水产必然少不了生姜，生姜的性暖正好可与水产的性寒相抵。将葱姜蒜切好，姜切丝，蒜切片，葱切段。

将紫苏叶片切碎。

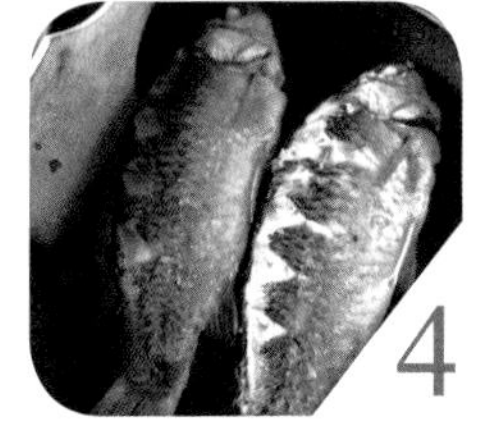

先在锅里倒一些油，然后开始煎鱼，煎至鱼身两侧表面焦黄即可。

倒入料酒。

再倒入生抽。

再加入盐，在煎鱼的时候如果担心被溅起的油烫伤，可以在油里加一些盐，这样油就不会溅得那么厉害了，如果前面加了盐，这一步就不要再加了。

在锅里倒入一碗水，开始煮。

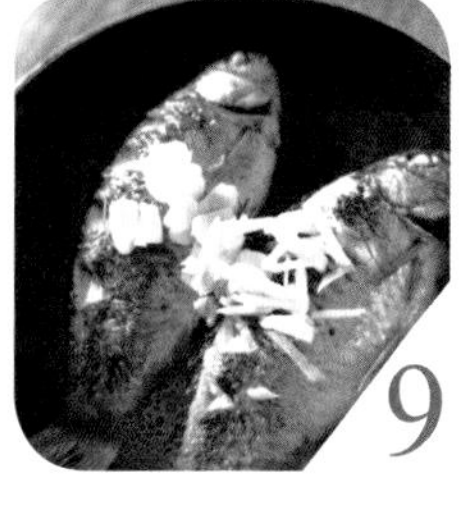

加入蒜片和姜丝。

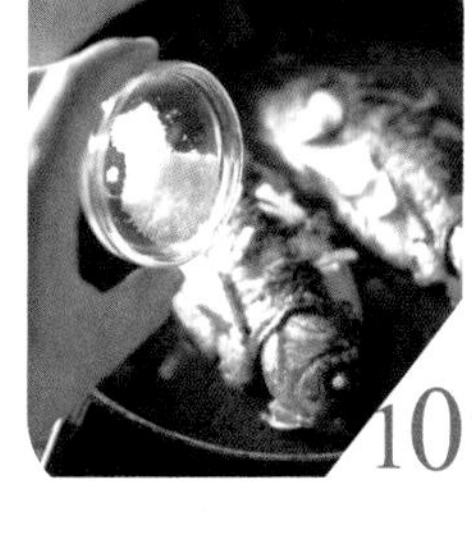

尝尝味道，可以加一些糖，没有糖则不鲜。江南人喜食甜，尤其无锡、苏州、上海、杭州那一带，不夸张的说以前看家父烧鱼恨不得放半斤糖进去。

倒入耗油。

再倒入之前切好的紫苏一起煮，看到锅里的汤汁快没有的时候就可以出锅了。

收汁的阶段需要注意不要让鱼烧糊了，留下最后一些浓稠的汤汁就好。

把葱段洒在鱼身上，再淋上汤汁，完成。

悠闲时光

鲜美的紫苏烧鲫鱼就完成啦。我身边有很多人不是太喜欢吃鱼，因为怕吐鱼刺，而鲫鱼的刺偏多且细小，可是鱼刺越是细小，味道也越鲜美，如果实在吃不来鲫鱼，也可以换成别的鱼类来做这道菜。

紫苏烤鲫鱼

鲫鱼应该怎么做？大家一般都会红烧或者做汤，这样做出来的味道都非常鲜美，但实际上烤着吃也是一种不错的选择，这里我就教大家搭配紫苏一起做一道烤鱼。

所需材料

鲫鱼 2 条（挑个大的）

紫苏枝条 5~6 根

烧烤调料、香料、食用油、孜然、胡椒（根据个人口味添加）**适量**

制作步骤

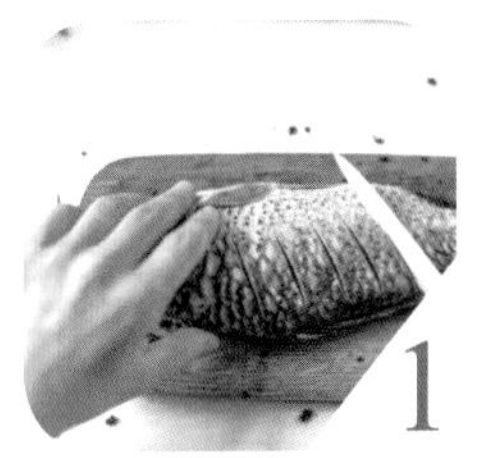

1 用刀在鱼身上划几道口子，这样待会儿腌的时候会更入味。

2 将烧烤调料抹在鱼身上，一定要全身都抹遍。

3 把 3 根紫苏枝条塞入鱼腹中。

4 处理的时候小心不要划到手。

5 将剩下的紫苏在盘中铺上。

6 ├ 将鱼放置在紫苏上。

7 ├ 在鱼身上再抹上食用油。

8 ├ 根据个人口味撒上香料，这里我用的是混合香料，包括黑胡椒、白胡椒、红胡椒、青胡椒、芫荽子、长香果。然后送入烤箱，烤箱 200 度提前 10 分钟预热，烤至 10 分钟后，小心地将盘取出，重复上述步骤，在鱼身上刷一遍食用油，调一个身儿继续送入烤箱，再烤十分钟后将鱼取出。

9 ├ 根据个人口味撒上孜然或胡椒，然后送入烤箱，再烤 10 分钟即可完成。

悠闲时光

经过烤制的鱼非常香，而且搭配上可以解鱼蟹毒的紫苏，既美味又健康，一点也不亚于在饭店吃的烤鱼。更重要的是，这道烤鱼做起来不太难，而且也不大费时间，平时在家有兴趣时就可以做一做。

紫苏蒸蟹

金秋时分又是品蟹的时节，我们常用“第一个吃螃蟹的人”来比喻某一领域的先行者，可是要知道我们中国人吃蟹的历史可是由来已久，差不多有5000年。蟹又分为九等，最上等的为湖蟹，而湖蟹又尤以长江下游两岸所产的蟹品质最佳，比如江北的高邮湖、巢湖，江南的太湖以及大家熟知的阳澄湖。

所需材料

蟹4只

紫苏枝条4~5根
（每根20~30cm）

制作步骤

├ 在电饭锅中放入少许清水，再把紫苏枝条放入锅中。

├ 在蒸笼里放上蟹，约10~20分钟即可蒸好，建议蒸的时间不要少于10分钟，否则难以杀死螃蟹体内的寄生虫，但是时间也不宜过长，否则肉质会变老，从而影响口感。

├ 蒸好的蟹会呈现出非常诱人的金黄色或橙黄色，而此时紫苏的香气也已经蒸入蟹肉中了，因为紫苏本身气味清淡，所以不必担心会破坏大闸蟹本身的鲜美味道。

悠闲时光

所有的蟹都是性寒的，所以要根据个人体质而适当食用。在吃这盘蒸好的紫苏蟹时再配以镇江陈醋，实在是美味的不得了。记得在醋中加入一些姜末，这样可以中和蟹本身的寒凉，而我个人则喜欢在醋里放入一点白糖，从而使其味道更鲜美。

玫瑰

这里说的玫瑰指的是食用玫瑰，玫瑰是我最喜欢的香草之一，虽然它其实应该被划到灌木区，但是我们这里说的香草并非一定就是草本，因为我介绍的香草是一类具有芳香气味且对人类有益的植物，现在更多的时候我喜欢将其翻译成药草或者功效植物，但是香草这个名字更浪漫一点。玫瑰的品种众多，用于食用与芳疗的最佳品种应是突厥蔷薇，此品种最好的产地是保加利亚。除了突厥蔷薇比较有名外，还有摩洛哥玫瑰、千叶玫瑰、印度玫瑰、土耳其玫瑰，国内品质较好的为平阴玫瑰，大家可以在这些品种中选择某种来进行栽培。通过蒸馏获取的玫瑰精油价格相当昂贵，品质好的每克价格堪比黄金，甚至要更高，通过这种方法获得的精油被称为 Rose Otto（奥图玫瑰），另有一种通过溶剂萃取法获得的玫瑰精油被称为 Rose Absolute（玫瑰原精），在价格上比奥图玫瑰便宜。如果是用于芳香疗法，选择奥图玫瑰比较好。

玫瑰小知识

适合种植的场所：朝南的阳台、窗台或者花园

对光照的要求：强

对水分的需求：中等，待土干了再浇水

利用的部位：花蕾、花瓣

应用的领域：香草茶、美食、护肤品、芳香疗法

玫瑰花瓣冻

好看又好吃的玫瑰花瓣冻是我经常推荐给朋友们的一道小零食，尤其是需要减肥瘦身的朋友，因为这款零食不仅好吃还没有多少热量。周末在家有点小心情想清新一把的朋友可以做一下这款果冻，非常适合喜爱美食的朋友们。

所需材料

烧仙草粉 1 袋

玫瑰花瓣若干

清水 2L

细砂糖 30g
（根据个人口味酌量增减）

制作步骤

├ 需要提到的是烧仙草粉需要经过二次稀释：第一次先用少量冷水将其完全溶化，记得用勺子搅拌开来；第二次把水烧开，将已经溶解的烧仙草粉倒入开水中，不停地搅拌，待完全溶解后关掉火。

├ 把锅内的溶液倒入器皿或者模具中，这时候放入玫瑰花瓣，因为花瓣与水一同煮的话会褪色，但如果有很多花瓣的话不妨同水一起煮，这样会将水染成好看的粉红色，做出来的果冻也很好看。我比较懒，就没用模具，直接将溶液倒入碗中，可以看到由于高温的原因，碗内的花瓣还是会有一定程度的褪色，但是褪了色的花瓣反而有一种水彩渲染的效果，依旧很好看。

├ 在食用的时候只需要将碗倒扣在盘子里，并且轻轻拍打碗壁，整块花冻就会脱落下来。

悠闲时光

说它是减肥佳品确实不是盖的，就因为得益于这些年吃掉的各种花草冻，以至于我现在都还胖不了。基本上这一块玫瑰冻下去，肚子也饱了，但是其中含有的热量却很少，因而可以起到瘦身的效果。

茴香

这里说的茴香是小茴香，而小茴香是伞形科植物，不耐热，所以北方种植比较多，很多南方人甚至都没有吃过新鲜的小茴香，菜市场都很难见其身影，反倒是小茴香的种子用的比较多，如果我们自己在家种一点的话使用起来就方便多了。小茴香非常能提味，尤其是搭配肉类、海鲜的时候更能充分发挥出它的魅力。

茴香小知识

适合种植的场所：朝南的阳台、窗台或者花园

对光照的要求：强

对水分的需求：中等，待土干了再浇水

利用的部位：全株

应用的领域：香草茶、美食、芳香疗法

茴香烤鱿鱼

小茴香的气味非常适合与水产类食品搭配，可以去除肉腥味和鱼腥味，而它的种子更是一种著名的香料。坦白说，在东方用小茴香做料理远比用叶片多，但西餐中用的小茴香叶片比较多。小茴香羽毛状的叶片也非常适合搭配任何食材，如果没有接触过小茴香的朋友不妨想象一下五香牛肉的味道，它与小茴香的味道很接近。

所需材料

鱿鱼半个，洋葱2个，番茄1个或2个（小番茄也可以）

新鲜小茴香枝条3根（长度约15cm）

混合香料（黑胡椒粒、白胡椒粒、芫荽子）

混合调料（辣椒粉、姜黄粉、食盐、细砂糖混合）

小茴香粒、橄榄油（怕油腻者不必加）**适量**

制作步骤

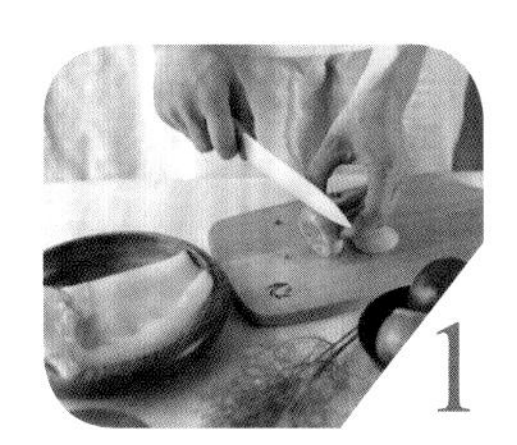

1 将洋葱切开，切洋葱的时候在刀面上沾一点水可以避免被洋葱的气味呛到流泪，这是由于洋葱气味主要是一种硫化物，它可以与水结合，所以在每一刀下去的时候都沾一点水可以避免被呛。

2 将番茄切开，厚度差不多为0.5cm，不用太厚，也不可太薄，否则进烤箱后容易烤焦。番茄切好后和洋葱一样放在一边，备用。

3 将鱿鱼切开，厚度0.5~1cm都可以，尽量保证每刀下去厚度尽可能一致，这样不至于烤的时候有的还没熟，有的却烤焦了。

4 将新鲜小茴香切碎。

5 将切碎的小茴香加入到鱿鱼中。

6 再撒入一些混合香料，如果大家有其他喜欢的香料也可以加进去。

┣ 拌入混合调料，其中食盐和细砂糖主要用来调味，而辣椒粉可增加辣感，姜黄粉会给食物染色并且增加鲜味。至于用量可以根据个人口味来决定，比如有的人不喜欢甜的，那么糖就少加一点甚至不加。此外，每个地方的辣椒粉辣度都不太一样，而且每个人能接受的辣度也不相同，所以这里我就不给出混合调料的具体量了，毕竟众口难调。但要提醒各位，在制作混合调料的时候，可以时不时用手蘸着尝一点，这样便于随时调整。

┣ 如果想要加入橄榄油，可以在这一步加入，我自己其实并不喜欢太油腻的食物，所以有时候就不加。

┣ 将先前切好的番茄和洋葱与鱿鱼混合后翻几下就好了。

┣ 将混合好的食物放入铺有锡纸的烤盘上，在此之前烤箱要 200 度提前预热 10 分钟。

┣ 送入烤箱，烤制约 10 分钟，在此期间我们可以边听音乐边打扫“战场”。

┣ 10 分钟后食物出炉，记住不要烤太久，否则一旦烤老鱿鱼口感会很差，嚼起来也很费力。

┣ 装盘后可以撒入一点小茴香粒，薄薄的覆盖在食物表面一层就可以了。

悠闲时光

下面就请大快朵颐吧。加入小茴香的鱿鱼吃起来非常鲜美，口感嫩中略带嚼劲，是一道非常适合下酒的菜。这道茴香烤鱿鱼看起来步骤比较多且复杂，可真正操作起来顶多十分钟，而我五分钟就完成了，所以想吃的时候立刻就去做，因为美味与简单真的可以兼得！

第　三　章

香草爱美丽

香草除了可以在美食中运用外，其他最常见的应用领域就是护肤品了。我会在这一章中教大家一些制作护肤品的方法，大多数用的是最古老的方法。这里介绍的很多护肤品由于没有添加人工化学合成物质，所以不会给我们的肌肤带来负担，而且因为是天然制作，所以敏感肌肤也适用，但自己制作出来的护肤品有一个缺点就是保质期不长。如果想要延长保质期，可以在制作完成时加入医用级抗菌剂，抗菌剂的使用量可以为成品的0.1%¯1%（建议控制在0.5%以内）。书中所介绍到的保质期都是不添加抗菌剂时的保质期，在添加抗菌剂后保质期可以适当延长半年至一年，但最好在三个月内用掉。我在这里介绍的方法大部分都很简单，有的甚至只要两三步就可以完成，而且还配有步骤图，十分简洁明了。希望喜欢香草、热爱生活的你可以跟着我来试一试。

薰衣草

薰衣草修护爽肤水

薰衣草的淡斑去疤以及修复受损肌肤的功效众人皆知，所以用它来制作爽肤水是最好不过的了，下面我们就利用最最天然的材料以及最最简单的步骤制作这款薰衣草修护爽肤水，而且是可以喝的爽肤水。

适用肤质：受损肌肤、中性肤质、油性肤质、干性肤质。

保质期：放入冰箱冷藏可保存 10 天。

所需材料

新鲜薰衣草枝条 1 根（长度不少于 10cm）

薰衣草花 1 大勺（15ml）

纯净水 150ml

制作步骤

1. 将新鲜薰衣草枝条和薰衣草花放入烧杯中，加纯净水煮沸。

2. 沸腾后继续加热五分钟，关火。

3. 用筛网将薰衣草残渣筛除。

4. 待冷却后倒入深色玻璃瓶中，平时不用的话就放入冰箱冷藏保存，保质期约为 10 天。

悠闲时光

薰衣草具有修复功能，对于受损肤质极为适用，而且还可以预防痤疮、治疗青春痘、改善肤色，此外，对柔化肌肤也有不错的效果。有时为了能让薰衣草的功效更好地保存到水中，我会用蒸馏的方法制作薰衣草爽肤水，这样保存时间可长达 12 个月，但是这种制作方法耗材甚多，所以家庭使用时可以用这里介绍到的烧煮法，每次做完即用，用完了再做。

薰衣草淡斑面膜

在做这款面膜的时候会用到高岭土，最初知道高岭土是中学时的化学老师说的，告诉我们高岭土是烧制瓷器的原料。但因其富含矿物质及微量元素，所以很多矿物泥类的面膜都会用到高岭土，我们这里主要用高岭土做黏稠剂。此外，薰衣草具有淡化疤痕的功效，长期使用还具有淡斑的作用，因此，脸上有斑的朋友可以做一款这个面膜试试。

适用肤质：干性肤质、中性肤质、油性肤质。

保质期：现做现用。

所需材料

薰衣草修护爽肤水 15m

高岭土约 20ml

制作步骤

1

┣ 把高岭土加入到烧杯中。

2

┣ 倒入前面提到的薰衣草修护爽肤水，搅拌均匀。有朋友和我说一次性做了不少修护爽肤水，还没用完保质期就到了，扔掉又觉得可惜，这时就可以拿来做面膜。

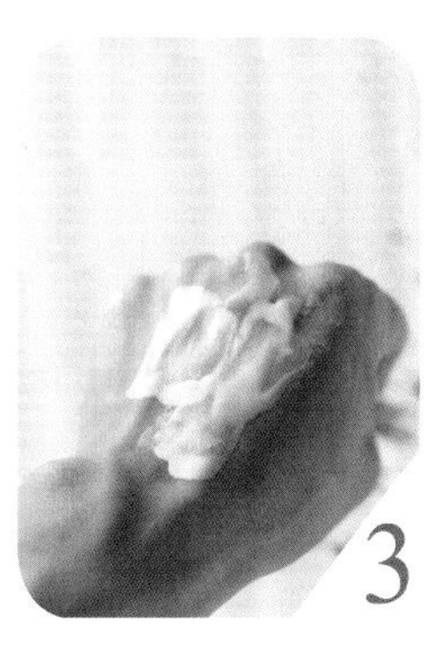

3

┣ 用玻璃棒搅拌均匀后涂抹在手背上或者手腕内侧，如无过敏反应可以涂抹到脸上，10 分钟后洗去即可。

悠闲时光

任何护肤品在抹到皮肤上之前都应该做过敏测试。可以取少量样本涂在手腕内侧或者耳根后涂抹，观察有无过敏迹象。天然的东西不表示不会过敏，例如有的人天生对花粉过敏，而有的人对海鲜过敏，所以过敏测试不要忽视。此外，记得一定要选择市面上正规的用于皮肤护理的高岭土，工业用高岭土有可能会损害皮肤。

薰衣草护手霜

在做园艺劳动的时候难免会接触到土壤，等劳作完了又免不了需要用水清洗干净，但洗过之后手又感觉涩涩的，这时候这款厚重的护手霜就派上用场了，完全可以解决这个恼人的问题。

适用对象：手部皮肤粗糙者。

保质期：放入冰箱冷藏保存可达 6 个月。

所需材料

凡士林 2 大勺（30ml），**甘油 2 大勺**（30ml）

乳木果油 10g，薰衣草精油 10 滴

制作步骤

1 将凡士林、乳木果油隔水加温，待融化后倒入甘油。

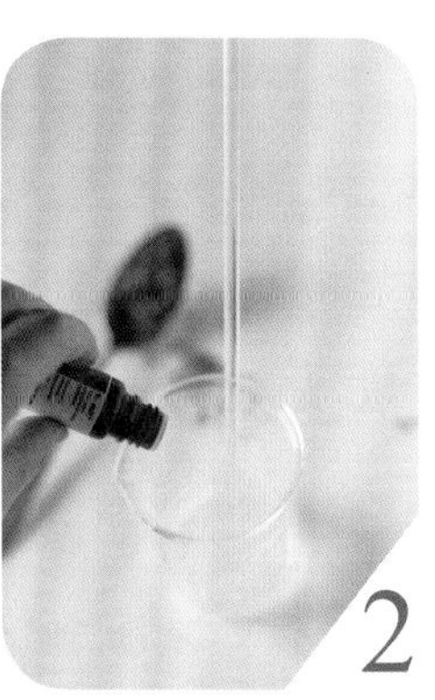

2 在没有冷却之前滴入薰衣草精油，用玻璃棒搅拌均匀。

3 随后倒入玻璃盒中，待冷却后即可使用。

悠闲时光

很多人希望有一款很滋润但又不会感觉太厚重的护肤品，但要同时达到这两个要求其实非常难，于是我在寻求平衡的过程中尽量往护肤效果方面去靠。很多古老的护肤品有着至今不可否认的护肤效果，比如凡士林、羊毛脂这些，它们的护肤效果十分显著，却有着现如今看来人们最不喜欢的特点，那就是——不算好闻的气味。这款护手霜在给我父亲试用的时候，他就说羊毛脂有一股羊毛衫的味道（现在也有一种经过脱味的羊毛脂），而且很浓，但却给他粗糙的手带来了深层的养护。关于味道不好闻的问题，我们可以通过添加精油来改善。此外，有些人会觉得这款护手霜用起来有些厚重，这个也很好解决，我常用的方法就是在睡觉前将其涂满双手然后带上棉手套，第二天早晨起来洗干净，经过一夜深层的滋养，你会感觉到自己的手有着超乎寻常的柔软与细腻，而所要付出的代价只是在洗的时候多花些时间洗干净而已！在制作的时候，如果不用薰衣草精油，可以在甘油、乳木果油、凡士林融化后的混合液中加入一大勺薰衣草干花，加温煮沸，冷却前把薰衣草花过滤出来即可，不过比起直接用精油显得繁琐一些。

薰衣草紫草双重修护霜

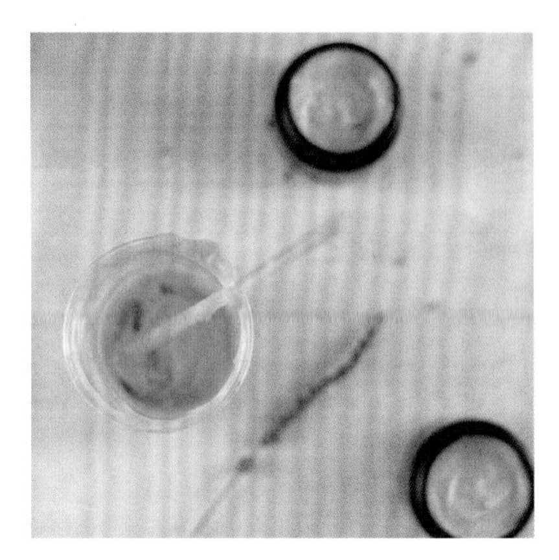

这款薰衣草紫草双重修护霜的原料是薰衣草与紫草，薰衣草的功效相信大家都比较熟悉了，但对紫草很多人还不是很了解，下面就对其进行详细描述。

紫草是一种多年生草本植物，全株都有药用价值，然而功效最好的部位是紫草根。紫草的花和根部都含有很多色素，所以将紫草浸泡在清水中可以看到水的颜色很快就会变成紫红色。通常，我们会将紫草根浸泡在橄榄油中至少三个月，这样紫草根部的有效物质才会得到充分释放。

下面是用紫草浸泡了一年后的橄榄油，可以看到油品已经变成了深紫红色。这样做出来的紫草油在护肤方面有很好的作用，主要可以活血化瘀、消炎去痘，还可以去痘印，并且具有凉血解毒的功效，这些功效有些和薰衣草一样，有些却是薰衣草所不具备的，所以搭配薰衣草使用恰好相得益彰。

适用对象：所有人。

保质期：放入冰箱冷藏可保存 3 个月。

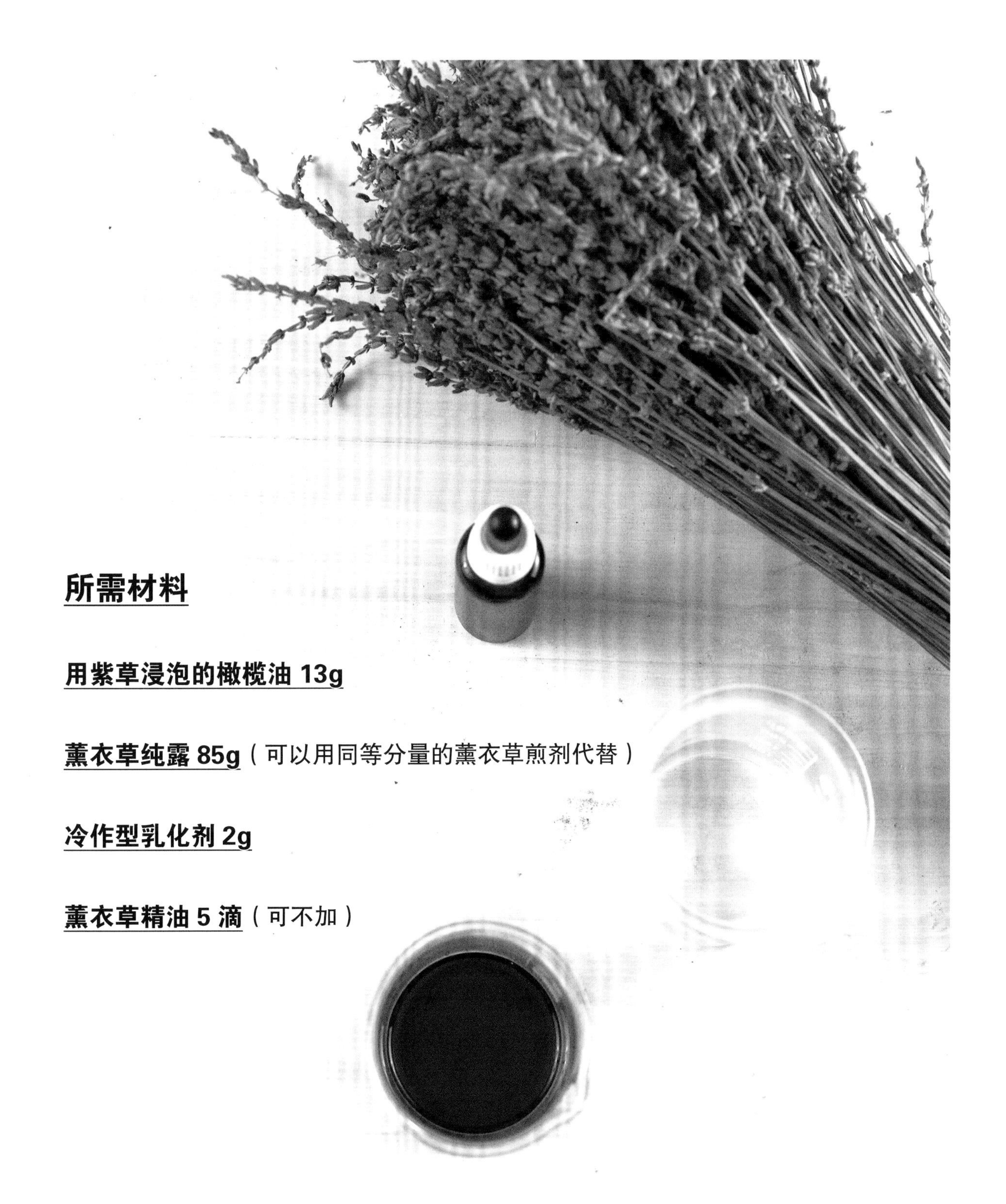

所需材料

用紫草浸泡的橄榄油 13g

薰衣草纯露 85g（可以用同等分量的薰衣草煎剂代替）

冷作型乳化剂 2g

薰衣草精油 5 滴（可不加）

制作步骤

小知识：乳化剂就是可以让油和水混合后乳化成为一体的东西，有的乳化剂需要加热后才能起作用，比如橄榄乳化蜡。而冷作型乳化剂，顾名思义就是不用加热也可以起到乳化效果的产品。传统的西方护肤品中很多都是由不同的油脂制作的，这也是很多人觉得欧美的某些护肤品用起来感觉“太油”的原因，因为其中水相的成分很少甚至没有，而如果你想用的是清爽的质感，那么就要在油中加水，或者在水中加油，但是我们都知道水和油在正常情况下是不相溶的，而乳化剂可以帮助我们达到油水相溶的效果。

将冷作型乳化剂滴到用紫草浸泡的橄榄油中。

倒入薰衣草纯露或者煎剂，倒入的同时不要停止搅拌。

搅拌约一分钟后就可以看到乳化后的效果了，如果喜欢香味还可以在这一步中滴入薰衣草精油。

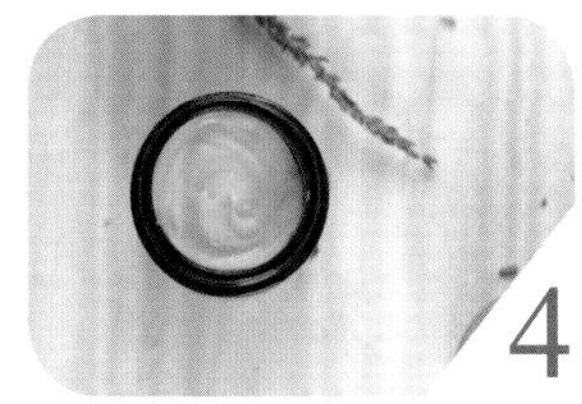

将充分乳化后的霜体装入到面霜盒中。

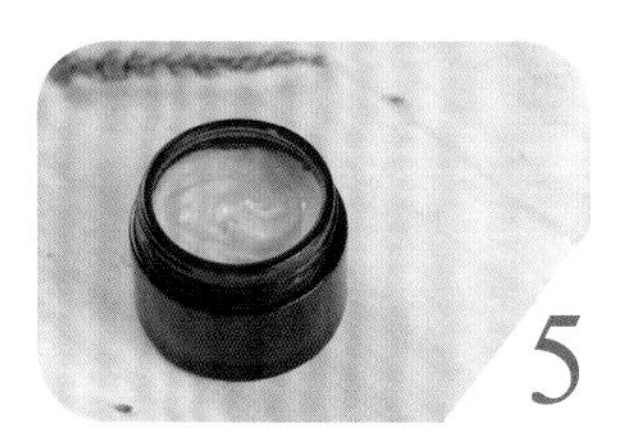

平时放入冰箱中保存，保质期约三个月。

悠闲时光

这款双重修护霜特别适合受损肌肤和长痘肌肤使用，对于已经产生痘印的肌肤如果坚持使用也有很好的修复效果。我们人体皮肤的更新周期约为 28 天，所以最怕的就是我们在同一周期内频繁地更换产品，这样即便肌肤情况有了好转也不知道到底是哪款产品起了作用。这就像中医说的辩证施治、对症下药，什么情况适合用什么产品，这一点最为重要。但是我发现，很多人并不知道这个问题，或者知道了也不这么去做，所以会出现这样的情况，本来皮肤就很干了还用洗净力很强的洁面产品，其实自己的肌肤什么情况自己应该最清楚，然后应该循着自己需要改善的那个方向去选择产品，不要人云亦云，大家说哪个好就买哪个，别人的皮肤长在别人的脸上，适合她的未必就适合你，懂得这个道理后我们就可以按照自己的肌肤需求去制作专属于自己的护肤品了。

薰衣草手工蜡烛

我一直自认为是个懂生活且有点小浪漫的人，于是总想方设法去创造梦幻的世界，经常自制一些蜡烛来给生活增添一些情调。我特别喜欢在冬天外面飘着大雪时屋内点着蜡烛的情景，蜡烛给我的不仅仅是温暖的烛光，更多的是一种可以回归童年的感觉。于是冬季里用蜡烛取暖是一件让我感到既温馨又幸福的事。

适用对象：热爱生活的人。

保质期：如不添加精油，保质期几乎可达数十年，加入精油后最好在半年内使用，否则精油会挥发掉。

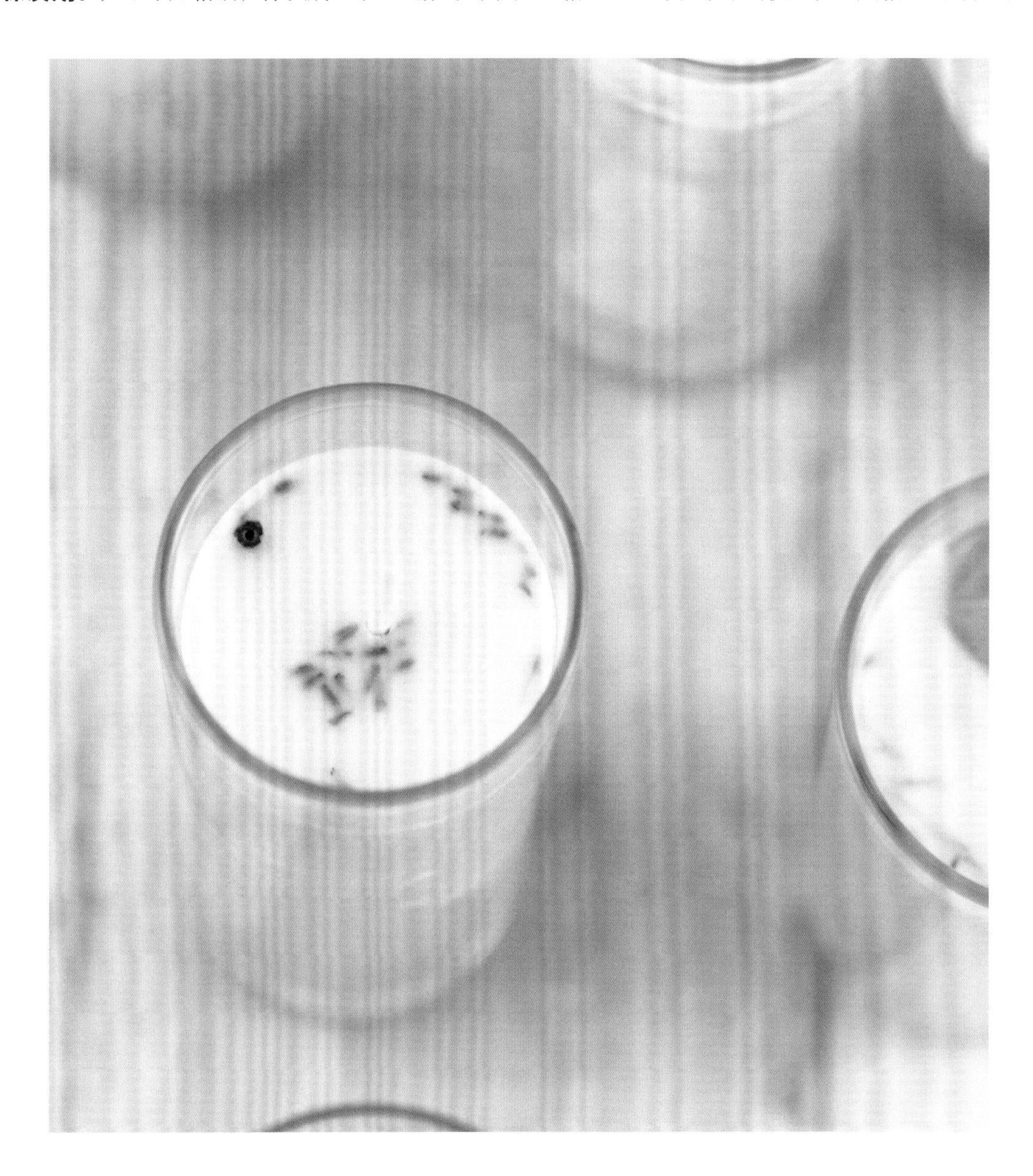

所需材料

大豆蜡 1kg

薰衣草干花若干

新鲜薰衣草枝条 1~2 根

薰衣草精油 10ml

小知识

加入薰衣草精油主要是为了使蜡烛具有薰衣草的功效，这样在点燃的时候精油就能受热加速挥发，我们也就可以闻到薰衣草的味道了。有的人不喜欢精油浓郁的味道，或者喜欢无香的，那就可以不用加精油，所以精油是否加入或加入多少全凭自己喜好。

制作步骤

1 把大豆蜡切成碎块，通常大豆蜡的熔点是五十几度，所以我们用手触摸其表面时因受到人体温度的影响而感到有点油，因此在切的时候可以快一点，但是注意不要切到手。

2 将切碎的大豆蜡放入滴蜡壶。

3 在滴蜡壶中加入少量薰衣草干花。

4 将滴蜡壶放在电磁炉上加热，火温开小，让它慢慢熔化比较好。

5 待大豆蜡熔化后，将蜡烛专用棉芯放入，于是我们会看到如同炸鸡排一般的情景，棉芯周围会出现很多小气泡，这也说明蜡温是非常高的，所以我们在操作的时候务必小心再小心，如果不小心将蜡弄到皮肤上应立即用清水冲洗，小孩操作一定要有成年人在一旁陪同，等到棉芯周围没有气泡的时候，说明棉芯已经吸饱了蜡，这时就可以将棉芯捞出来了，然后找一个挂钩，垂直地挂着，待蜡冷却后就是基本的蜡烛芯了，然后我们再将蜡烛芯浸泡在蜡中，捞出来，如此重复操作2~3次，可以获得质量最好的蜡烛芯。

6 将冷却的蜡烛芯比照玻璃杯的高度进行剪裁。

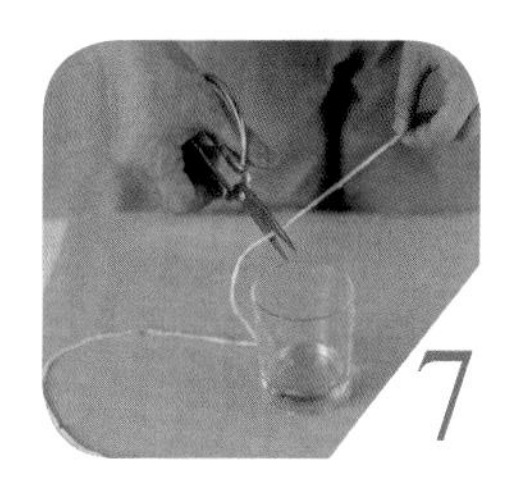

7 蜡烛芯的长度应该比玻璃杯略高一些。

8 这时候可以取一根筷子，将高出来的部分绑在筷子上，结不用打紧，否则不好解开。

绑筷子的目的是让蜡烛芯正好垂直处于玻璃杯底部的中央，这样在滴蜡的时候就不会歪掉。

手持滴蜡壶，小心地往杯子里滴蜡，首次加入的蜡高度约为玻璃杯高度的四分之一或五分之一，不要一次性加太多。同时将电磁炉关掉，因为熔化的蜡在短时间内不会凝固。

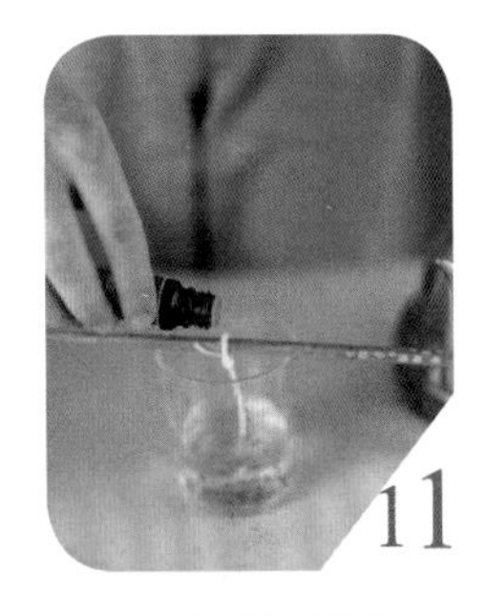

在这一步中加入精油，我通常会在一个220ml的玻璃杯中加一整瓶10ml的精油，这是因为熔化的蜡温度较高，而精油具有很强的挥发性，受热后更容易挥发，将精油加入到滚烫的蜡水中其实损耗率是相当高的，甚至会达到50%，也就是说真正能够在蜡烛中保留下来的精油只有5ml，但是我们却不得不费去10ml的精油，这也就是为什么国外添加精油的大豆蜡价格比较昂贵的原因。有朋友从英国购买来瓶装大豆蜡，300ml就售价折合人民币大约两百多块。有朋友会觉得贵，但这是因为真的大豆蜡和天然精油再加上国外的人工成本后价格肯定便宜不了，再便宜就是假的了。

小帖士：如果在市场上购买香薰蜡烛，如何分辨出它采用的是否为天然精油?

首先，从价格上判断，好的东西都不便宜，比如你看到售价9.9元却宣称是天然的精油蜡烛肯定不是真的；其次，从气味上判断，天然的和非天然的两者差距很明显，加入香精的蜡烛燃烧时香味浓郁，持续时间长且均匀，而使用精油的蜡烛则香味较为清淡，而且放的时间越久味道越淡，这就是我前面说到的精油具有强挥发性的特点。

也可以在蜡液中加入一些蔷薇果实，这样在燃烧的时候可以增加视觉观赏效果，当然此步骤可以略过。

将采集到的薰衣草枝条或者叶子也放一点到蜡液中。

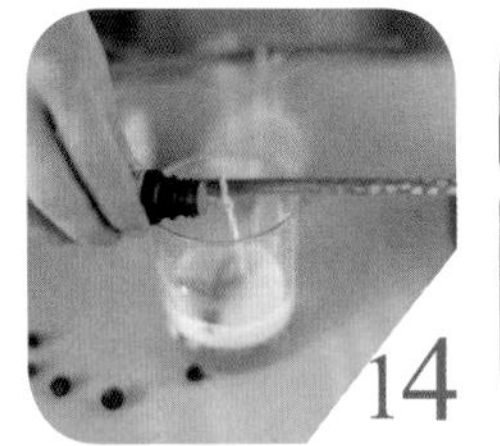

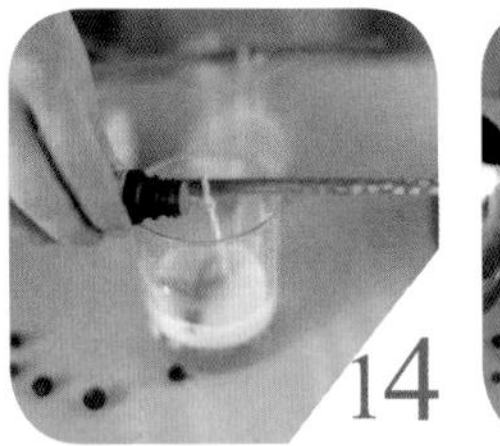

等到大豆蜡凝固的时候又会变成白色，这时候我们再滴入一部分精油，量为1~2ml，1ml约为30滴。

继续滴蜡，这样刚才上一步中滴入的精油就会稀释到新加入的蜡液中。

通常做一次蜡烛从开始到完成需要经过4~5次滴蜡才能完成，每一次滴蜡要等到上次的蜡冷却凝固后再滴。

可以几个蜡烛同时做，这样效率比较高。

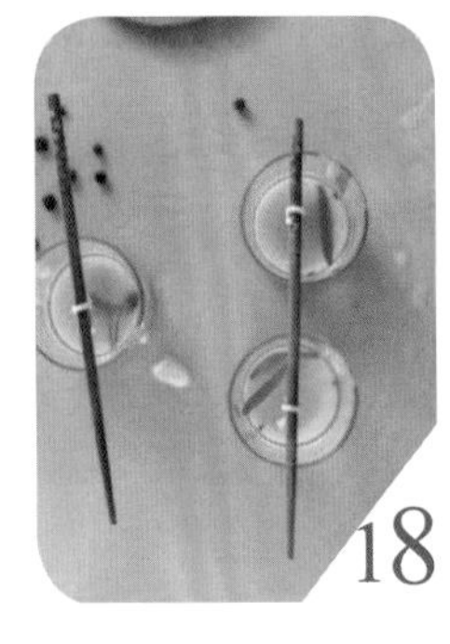

每一次滴蜡的过程中我们都可以加入薰衣草花或者叶片作为装饰点缀。

最后一次滴蜡时要注意和杯沿保持一点空间，完成后请不要急于移动玻璃杯，以免蜡液晃动致使蜡烛凝固后表面产生不平整的现象。

完全凝固后解开蜡烛芯与筷子之间的结，用剪刀剪去过长的蜡烛芯，通常保留1.5~2cm就可以了。

悠闲时光

虽然是蜡烛，但由于选料的天然，所以它是可以用于芳香疗法的，芳香疗法中一个重要的精油使用方法就是吸入法。我们这款蜡烛不像外面买来的蜡烛含有石蜡，石蜡是石油提炼中的副产品，燃烧时会释放致癌物质，这样的蜡烛除了可以用来照明外别无他用，估计会被追求生活品质的人抛弃。而且，这款蜡烛的制作方法其实还是比较简单的，就是比较费时，但却因此可以体验到手工制作蜡烛的乐趣。有时候一个下午，我只能做出几根，但即使这样我也很乐意，因为对我而言生活中是怎样也不能缺少蜡烛的，并且我认为生活中需要多点手工才有乐趣。以前一个异性朋友拿我和她男朋友对比，说到区别的时候我说，他是可以陪你一起吃早餐的人，而我是那个可以点着蜡烛陪你吃饭的人，这就是我们的区别。

洋甘菊

洋甘菊抗过敏爽肤水

利用洋甘菊制成的爽肤水具有镇静、舒缓、抗过敏的功效，同时还可以软化肌肤，可谓作用多多，更重要的是制作起来不复杂。

适用肤质：敏感肌肤、干性肌肤、中性肌肤。

保质期：放入冰箱可保存 10 天。

所需材料

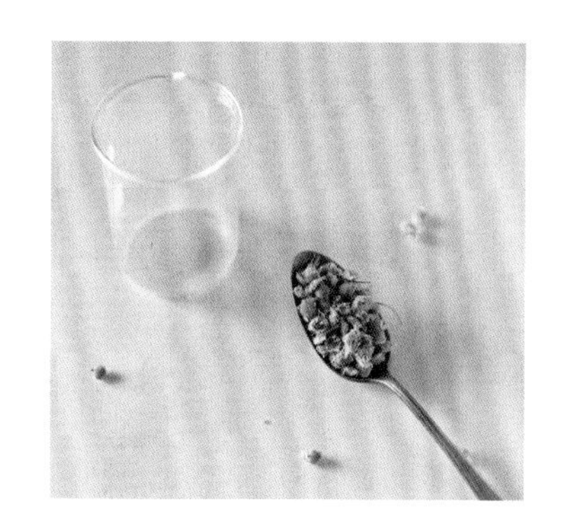

洋甘菊花1大勺

纯净水150ml

制作步骤

├ 将纯净水和洋甘菊花加入到烧杯中，煮沸腾后继续煮3分钟。

├ 将花朵过滤下来。

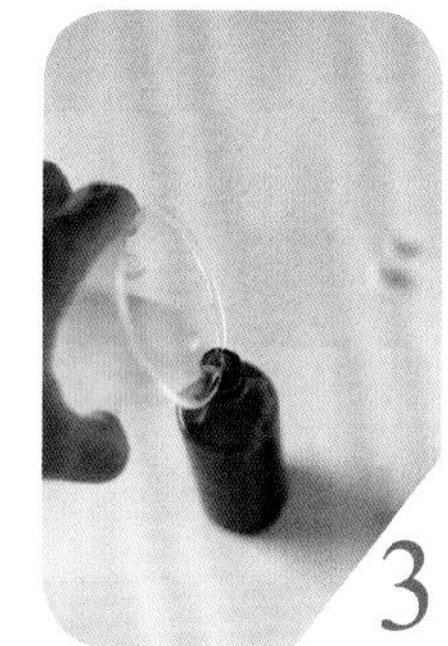

├ 等到稍微冷却后将溶液倒入玻璃瓶中，平时放入冰箱可以保存10天。

悠闲时光

这款洋甘菊抗过敏爽肤水除了可以当化妆水使用外，也可以装入喷雾瓶中，在平时感到肌肤干燥的时候随时补充水分，十分方便。而且，不论是滴管瓶还是喷雾瓶都应该是深色的瓶子。此外，洋甘菊分为德国洋甘菊和罗马洋甘菊两种，还有一种叫染科洋甘菊，一般不用在护肤品上，这里不做讨论。就味道而言，罗马洋甘菊更为清甜，气味更好闻，但德国洋甘菊的抗过敏性更胜一筹，如果想要两者兼备，可以在材料里同时添加这两种洋甘菊。

洋甘菊滋润护手霜

这款洋甘菊滋润护手霜中加入了荷荷巴油，荷荷巴油的护肤成分作用显著，而洋甘菊可以为肌肤带来深层滋润，所以这款护手霜效果非常好。

适用对象：所有人。

保质期：冰箱冷藏3个月。

所需材料

洋甘菊浸泡的荷荷巴油 5g

洋甘菊纯露 45g（没有的话就用洋甘菊爽肤水代替，或者纯净水）

简易乳化剂 1g

制作步骤

1

在洋甘菊纯露中加入洋甘菊浸泡的荷荷巴油，一般这种浸泡油至少需要浸泡3个月以上效果才比较好。纯露是植物精油蒸馏过程中的副产品，也称为花水，可以替代爽肤水使用。

2

滴入简易乳化剂，乳化剂是用来让水和油可以互相溶合的东西，只需添加极少量就行，然后再滴入精油，接下来开始搅拌至乳霜状态即可。

悠闲时光

这款护手霜采用油水结合的方式制成，所以在使用的时候不会像纯油相产品那样有油腻感，一般工业上生产所用到的水相为去离子水，也就是纯净水，大家可以看看自己购买的护肤品的配方，里面基本用的都是去离子水，而我们这款护手霜中使用的水相材料是洋甘菊纯露，具有营养和护肤功效，使用起来自然比什么都没有的去离子水效果好。

洋甘菊舒缓眼胶

这款眼胶由于没有添加防腐剂，而且香味源于天然的植物香味，所以对于娇弱的眼部肌肤最为合适，质感也很轻盈，可以缓解眼部疲劳，长期使用还不会有脂肪粒。平时放入冰箱冷藏保存，保质期约为 10 天，所以一次不必做太多，如果想要保质期变得更长，可以在制作过程中滴入几滴抗菌剂以延长保质期。

适用肤质： 敏感肌肤、干性肌肤。

保质期： 放入冰箱冷藏可以保存 10 天。

所需材料

洋甘菊爽肤水 50ml

凝胶形成剂 1g

制作步骤

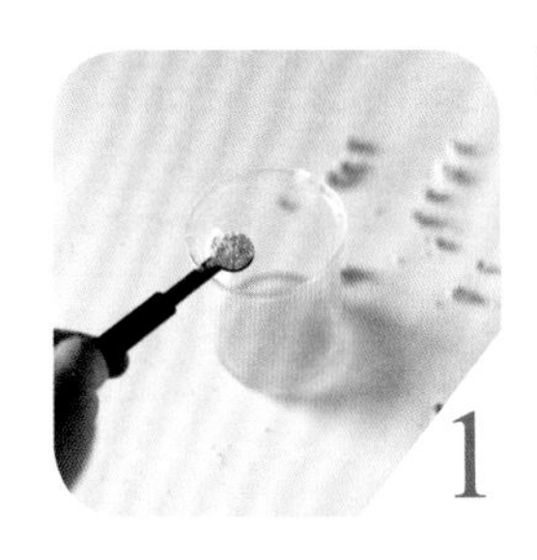

1 将凝胶形成剂加入到洋甘菊爽肤水中。

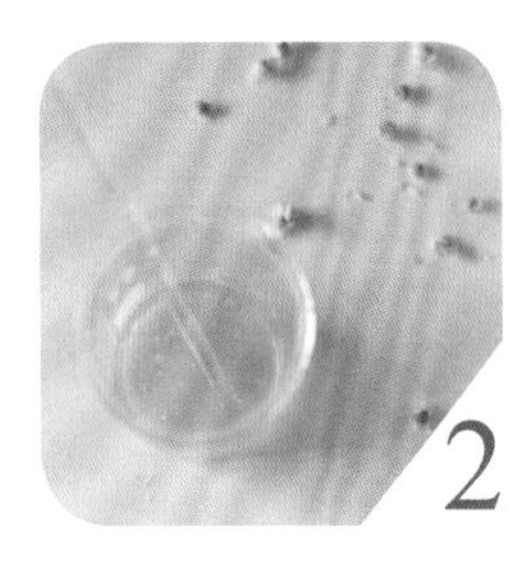

2 用玻璃棒搅拌至完全溶解，如果有精油，添加两滴精油效果会更好。

悠闲时光

在制作这款眼胶的时候，如果没有买到凝胶形成剂，用寒天粉也可以，做法和水果冻一样，但是等到凝固后需要用搅拌机打成凝胶状，虽然感觉挺麻烦的，可绝对是天然的哦！这是国外的朋友教我的一种比较原始的眼霜做法，有的时候古老的东西并不比现代的差，原因就是从前的制作方法比现在要天然得多。如果嫌麻烦，可以购买凝胶形成剂，制作时只需要按照使用比例添加就可以做出很好看的凝胶。这里使用到的洋甘菊爽肤水浓度一定要高，可以用前面介绍的爽肤水的两倍浓度来制作，效果会更好。

鼠尾草

鼠尾草收敛爽肤水

鼠尾草有着消炎、杀菌、收敛的作用，做成化妆水对肌肤进行日常补水是很不错的选择，而且制作起来也不是特别麻烦，当然，保质期不是特别长，随做随用比较好。

适用肤质： 干性肌肤、中性肌肤、受损肌肤。

保质期： 放入冰箱冷藏可以保存 10 天。

所需材料

新鲜鼠尾草叶子 8 片

纯净水 100ml

制作步骤

1 在料理机中放入新鲜鼠尾草叶子和纯净水，切碎。

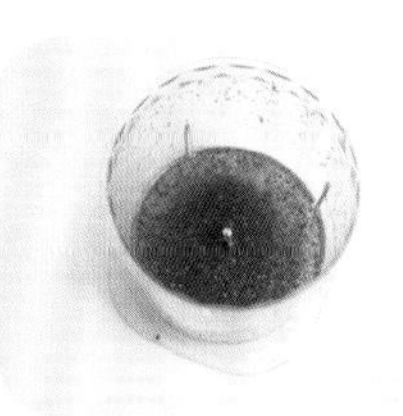

2 为了使鼠尾草中的有效成分释放得更充分，可以打的稍微久一点，把叶片切的细小一些。

3 将切碎的汁液倒入不锈钢锅中，煮沸，并且不断地用玻璃棒搅拌。

4 将煮开的汁液倒入器皿中，用筛子将叶片碎渣筛出。

5

装入瓶子就完成了，建议采用玻璃器皿，因为玻璃的化学稳定性比较好。

悠闲时光

没有添加任何化学防腐剂的鼠尾草收敛爽肤水的制作方法超级简单，很快就能做出来。建议不用时放入冰箱冷藏保存，但最好一周内用完。

Q：制作的时候为什么需要加热呢？直接使用不是更天然么？

A：因为使用的鼠尾草是直接切碎的叶片，所以溶解在水中的有效成分并不彻底也不均匀，而且直接用于脸部肌肤的东西最好经过消毒，高温势必会破坏一些营养成分，但也可以让有效成分释放得更彻底。在很多化妆品的制作过程中都免不了要经过高温加工，就拿精油的提炼来说也是经过高温加热的，可这并不会破坏其有效成分，反而可以消毒。

鼠尾草保湿面霜

这款面霜在制作起来也不是很麻烦，只要把材料准备好，基本不用花费多大精力和时间就可以完成。而且，它的保湿效果非常好，更适合干性肌肤的朋友使用。

适用肤质：干性肌肤、中性肌肤、受损肌肤。

保质期：放入冰箱冷藏可以保存3个月。

所需材料

甜杏仁油 2 小勺（10ml）

可可脂 1 小勺（5ml）

鼠尾草收敛爽肤水 3 大勺（45ml）

乳化蜡两 2 小勺（10ml）

制作步骤

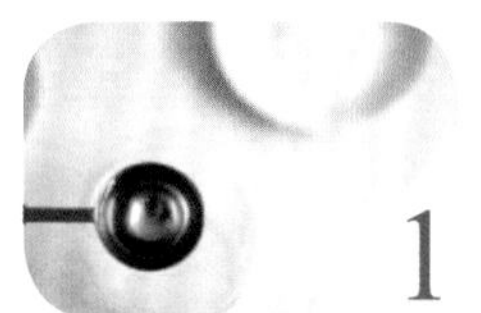

在烧杯中加入甜杏仁油。

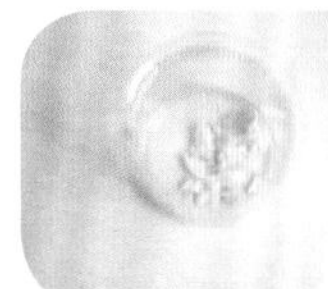

再加入可可脂。

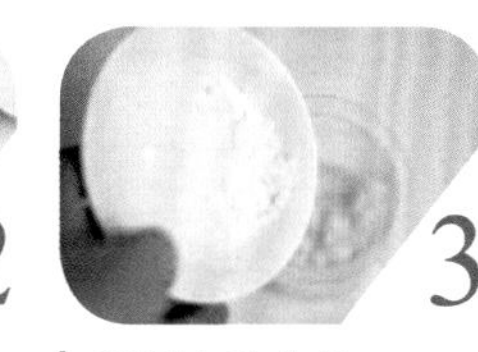

再倒入乳化蜡。

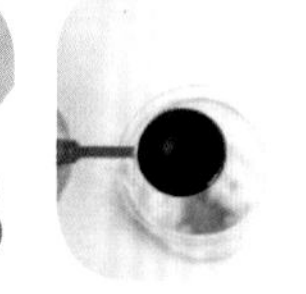

再加入鼠尾草收敛爽肤水。

将上述材料隔水加热至完全融化，同时用玻璃棒不停地搅拌，使其混合彻底，然后关掉炉火，继续搅拌 2~3 分钟后倒入面霜盒中，待冷却时就完成了。

悠闲时光

这款鼠尾草保湿面霜的保湿效果相当好，而且亲肤性也不错，质感也相对比较轻盈，适合秋冬季节使用。平时可置于冰箱中冷藏，保质期约为 3 个月。

百里香漱口水

这款漱口水基本不用多少制作步骤，而且需要的材料也特别少，只要采几根平时种植的百里香枝条再有一点盐就可以完成。用起来也特别方便，在清晨或者吃完饭后就可以随时使用。

适用对象：所有人。

保质期：放入冰箱可保存一周。

所需材料

百里香枝条 5 根

清水 200ml

盐 1 小勺（1.25ml）

制作步骤

将百里香枝条和清水放入锅中加热至沸腾。

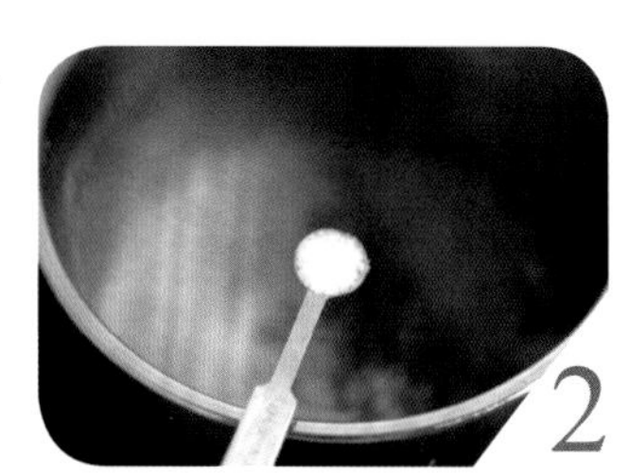

在锅中放入盐，继续加热几分钟后把火关掉，待其冷却至室温就可以使用了。

悠闲时光

百里香具有消炎杀菌的作用，所以这款漱口水非常适合饭后或者吃了甜食后使用。最好将其放入冰箱冷藏保存，使用期为一周，如果牙齿怕冷，可以在使用前拿出一点来置于室内，等回温后再用。

百里香足浴汤

现在很多在大城市工作的人上班距离都不太短，有的甚至需要花费一两个小时的时间去公司或者单位，待上完一天班回到家后会感到很疲劳，这个时候我们的百里香足浴汤就派上用场了，它可以很好地缓解一天的劳累。而且压根不用花多长时间就可以制作出来，非常方便。

适用对象：所有人。

保质期：现做现用。

所需材料

百里香枝条若干（5根以上）

清水1000ml

制作步骤

1. 将百里香加入到清水中，待煮沸后再继续煮5分钟，稍微冷却后倒入洗脚盆就好，因为浓度比较高，使用时可以加入2~3倍的水进行稀释。

悠闲时光

百里香足浴汤非常适合上班族或者旅游一天的人使用，因为它缓解疲劳的效果十分显著，同时还可以起到抗菌和去除异味的功效。

百里香消炎补水面膜

对于经常长痘痘的女孩子来说，怎么能让痘痘减少是个一直困扰她们的问题，其实这在平时的护理中就可以逐渐缓解。这款面膜可以在平时洗完脸后做一下，简单快捷，还能让皮肤变得水嫩润滑。

适用肤质：所有肤质。

保质期：现做现用。

所需材料

百里香枝条 2 根

鼠尾草枝条 1 根

压缩面膜纸 1 张

制作步骤

1 将百里香枝条和鼠尾草枝条加入 50ml 清水后放入锅中煮沸，揭开锅盖，使溶液蒸发至很少一点，量只要可以使得面膜纸完全膨胀开就行。

2 把压缩面膜纸泡在浓缩的汤液中，并放入冰箱中冷藏。这时候可以先去洗个脸，洗完脸后压缩面膜纸的温度差不多冷却下来了，这样就可以直接敷在脸部使用。

悠闲时光

百里香可以杀菌消炎，而鼠尾草具有收敛的功效，故能让皮肤变得细腻，这款面膜比较适用于容易长痘的肌肤。

百里香花篮

百里香细长柔软的枝条非常适合缠绕在镂空质地的物体上，随手做成一个漂亮的花篮来装饰物品或美化家居都会让人感到赏心悦目。

所需材料

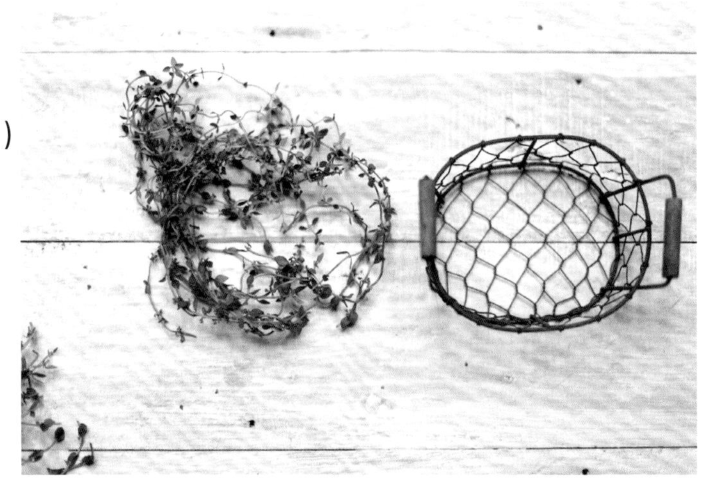

百里香枝条若干（长度 15~20cm）

铁丝花篮 1 个

制作步骤

1 找到百里香靠近根部的一段。

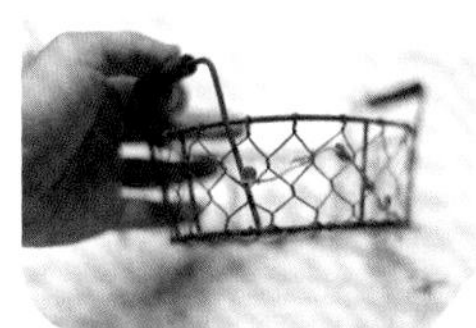

2 将枝条像缝衣服一样弯曲缠绕在篮子上。

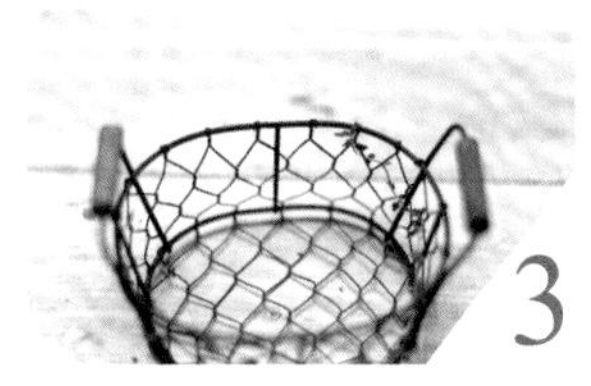

3 要一根一根地缠绕，不要着急，慢工出细活。

4 完成后可将花篮摆放于餐桌或者想要放置的地方。

悠闲时光

摆一个这样的花篮在家里，不小心碰触到枝条的时候会散发出迷人的芳香。通常剪下来的枝条在一周后就会干枯，但可以继续换上新鲜枝条。类似的花篮还可以用迷迭香、薰衣草、薄荷、马郁兰等芳香植物来做。

马郁兰

马郁兰是一种常被用来加到食物中的香草，一般用马郁兰蒸蛋味道非常可口，当然马郁兰也可以用在皮肤上，能起到抗氧化、镇静肌肤的作用。

马郁兰小知识

适合种植的场所：朝南的阳台、窗台或者花园

对光照的要求：强

对水分的需求：中等，待土干了再浇水

利用的部位：叶片、花朵

应用的领域：香草茶、美食、护肤品、芳香疗法

马郁兰护手膜

貌似现在很少有人注意到手的护理，最多就是冬天的时候涂一下护手霜，有的甚至夏天都不用。其实，手部的肌肤也需要平时用心地呵护。而且，不止有用护手霜这种方法，给手部做一个手膜也可以对肌肤起到很好的滋润效果，让自己的手比别人看起来更水嫩。

适用对象：所有人（只要不对马郁兰过敏就可以）。

保质期：现做现用。

所需材料

干燥的马玉兰叶片 5g

燕麦片 1 大勺（15ml）

鳄梨油 1 小勺（5ml）

甘油 2 小勺（10ml）

红酒 1 小勺（5ml）

制作步骤

├ 把干燥的马郁兰叶片与燕麦片倒入搅拌机中。

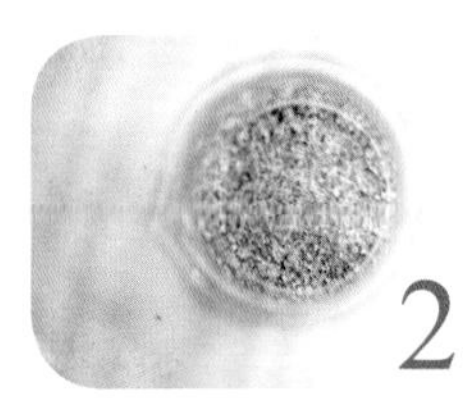

├ 将其打成粉状，粉的颗粒越细越好，为了能够得到更细腻的粉末，需要多打一会儿，然后将打好的粉末倒入烧杯中。

├ 在烧杯中加入甘油。

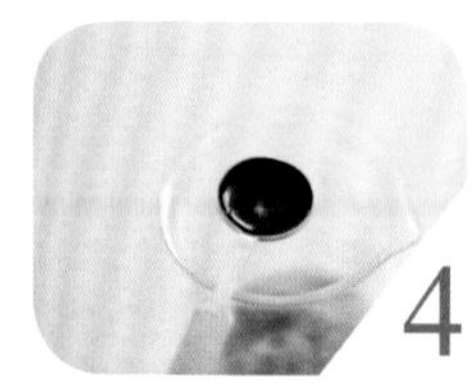

├ 再加入鳄梨油。

├ 加入红酒，用玻璃棒搅拌均匀后装入容器中，这样就完成了。

悠闲时光

在使用这款护手膜前需要把双手洗干净，然后再涂满双手，每个指缝都不要放过。护理的时间当然是越长越好，所以最好在睡眠前使用，然后带上棉手套睡觉，一觉醒来，你会发现双手变得异常柔软娇嫩。

薄荷

薄荷艾草去痱清凉皂

小孩儿生性活泼好动，导致经常出汗，尤其是在夏季天气炎热的时候，很容易长痱子。这款手工皂添加了薄荷与艾草，用它洗澡可以很好地防止痱子的发生，非常适合家有小宝贝的家长们制作。

适用对象：小孩、成人。

保质期：常温下可保存 24 个月。

所需材料

橄榄油 360g

椰子油 100g

月见草油 60g

葵花籽油 80g

氢氧化钠 86g

新鲜薄荷枝条 5 根（长度约 20cm）

新鲜艾草枝条 5 根（长度约 20cm）

清水 600ml

制作步骤

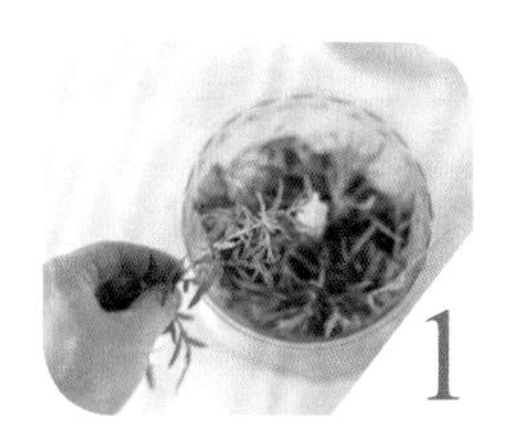

┣ 将新鲜艾草与新鲜薄荷枝条放入搅拌机内。

┣ 再倒入少量清水。

┣ 接通电源后开始搅拌。

┣ 将搅拌后的汁液倒在大烧杯中。

┣ 将其放在电磁炉上，用小火加热煎煮约 30 分钟。

┣ 熄火后，待煎剂冷却，用筛网过滤掉碎叶末。

┣ 将氢氧化钠倒入过滤后的溶液中，如果上一步中溶液未冷却则不能加氢氧化钠，必须要等冷却后才可添加。

┣ 将橄榄油、椰子油、月见草油和葵花籽油倒入一个大烧杯中，然后倒入上一步中的溶液里，这里选用的是 1000ml 的烧杯。

┣ 开始搅拌，搅拌时间不应低于一小时，或者在看到皂液变得粘稠时就可以停止搅拌了，至于什么样的粘稠度最好，多做几次就能把握好度了。

┣ 将完成后的皂液倒入皂模中，任何你喜欢的模具都可以用。约 48 小时后就可以脱模了。

悠闲时光

薄荷本身具有清凉去热的功效，而艾草可以除湿，对于皮肤瘙痒有着很好的辅助治疗及缓解效果，两者搭配起来使用效果最好。这款手工皂对小孩和成年人都适用，夏季高温天气中可以拿它来洗澡。因为手工皂是在制作两个月后才能使用的，所以需要提前制作。保质期约为 24 个月，24 个月后虽然还能使用但是功效逐步流失，但是作为平时洗手或者洗碗等家事用途还是可以的。

薄荷清凉喷雾

这款薄荷清凉喷雾可以为我们带来薄荷的香味，同时还可以起到驱蚊、止痒的作用，夏季制作出来后使用是最好不过的了，而且还具有淡淡的香味，让人感到舒心。

适用肤质： 油性肌肤、中性肌肤、干性肌肤。

保质期： 6个月。

所需材料

薄荷枝条10根（长度10cm）

75%的酒精150ml

薄荷精油5~6滴

纯净水100ml

制作步骤

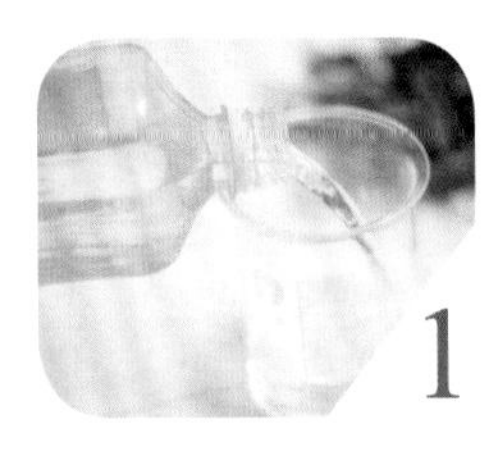

1 将酒精倒入烧杯中。

2 将薄荷叶条也放入烧杯中。

3 一般是先倒酒精再放薄荷，如果先加入薄荷，那么就要准确测量好酒精的量。

4 让薄荷在酒精中浸泡24小时，这样薄荷中的很多有效成分才会被浸入到酒精中。

5 由于酒精的浓度太高，所以这一步需要加入纯净水来稀释酒精。

6

再滴入薄荷精油，让味道变得更好闻。

7

滴入精油后需要用搅拌棒搅拌均匀，这时候溶液的颜色呈现出淡淡的绿色。

8

小心地将溶液倒入喷雾小瓶中。

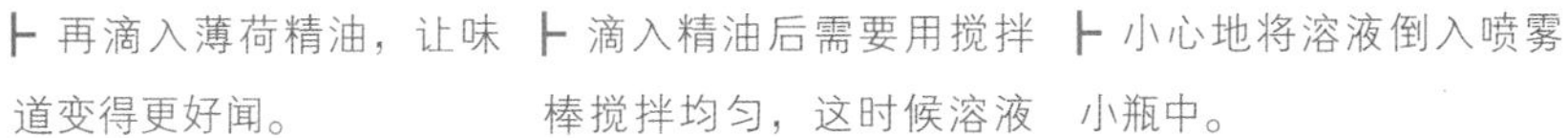

悠闲时光

夏季容易被蚊子叮咬，这个时候这款薄荷清凉喷雾就可以起到和花露水一样的作用了，而且它比花露水味道清淡，适合喜欢清新气味的人用。此外，由于它含有酒精，保质期可达 6 个月。

薄荷清凉油

薄荷清凉油主要用于治疗蚊虫叮咬，同时还可以起到提神醒脑的作用，我在制作这款清凉油的过程中采用了珍贵的鳄梨油，使得它能够更加亲肤，而且对肌肤有着很好的修护作用。

适用对象：所有人。

保质期：12个月。

所需材料

蜂蜡 2 小勺（10ml）

薄荷枝条 1 根（长度约 10cm）

鳄梨油 30ml

薄荷精油 10 滴

制作步骤

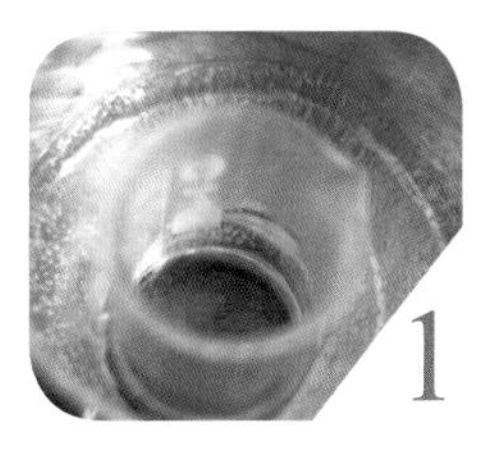

1 将鳄梨油倒入烧杯中，然后放在不锈钢锅中隔水加热，需要注意的是一定要控制好水位，不要让水在沸腾时溅入烧杯内，以防油水分离。

2 把薄荷叶片从枝条上摘下来，放在烧杯内。

3 再加入蜂蜡。

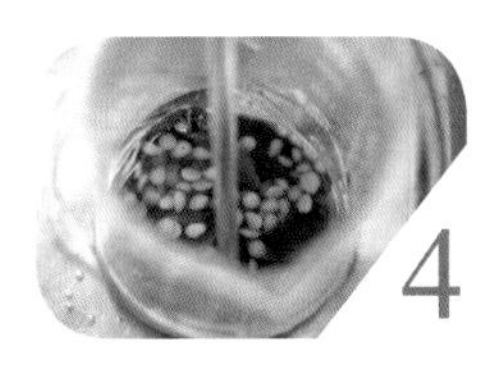

4 不断地用玻璃棒顺着一个方向搅拌，直到蜂蜡完全融化。

5 当蜂蜡完全融化后，滴入薄荷精油，并搅拌均匀。

6 关掉火，小心地将烧杯取出（必要时做好保护措施，以防烫伤），迅速将烧杯内的溶液倒入器皿中，速度略快一点，因为溶液温度下降后会凝固。

7 倒入器皿后液体很快就开始凝固，待凝固后就可以使用了。

悠闲时光

这款薄荷清凉油的保质期比较长，在阴凉处放置的话可以保存一年，如果我们自己做出这么一款清凉油后就完全没有必要在市面上买商家出售的那些商品了，而且自己做不费劲还省钱，特别方便，可以随用随取。

薄荷咖啡清洁面膜

这款面膜具体的使用方法是将面膜涂在面部，约 10~15 分钟后用清水洗去。由于羊毛脂的护肤成分会渗入到皮肤内，所以洗过之后可能会感觉没洗干净，但这个是无关紧要的。具体的保存方法是将面膜装入带盖的容器中，如果让其暴露于空气中会因为水分蒸发而变干，保质期一般为 3 个月。

适用对象：除受损肌肤与老化肌肤外的所有人群。

保质期：现做现用。

所需材料

新鲜薄荷枝条 5 根（长度约 10cm）

纯净水 50ml

羊毛脂 1 大勺 15ml

蜂蜡 1 小勺 5ml

研磨咖啡粉 2g

高岭土 1 大勺 15ml

制作步骤

1 ├ 将新鲜薄荷枝条放入锅中，加纯净水，煮至沸腾。

2 ├ 在锅中倒入研磨咖啡粉，继续煮1~2分钟。

3 ├ 把煮好的薄荷咖啡液先倒入杯中。

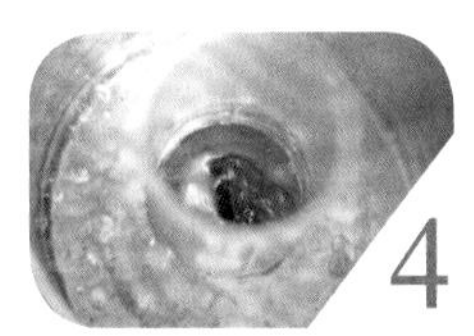

4 ├ 将羊毛脂放入烧杯后隔水加热。

5 ├ 当羊毛脂完全融化时加入蜂蜡，同时不断地用玻璃棒搅拌，直至蜂蜡完全融化。

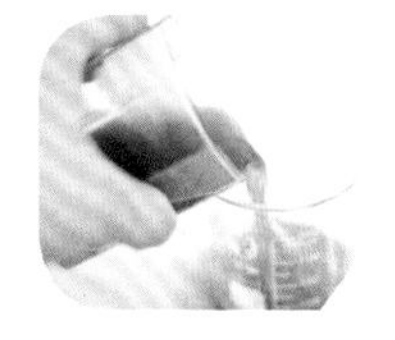

6 ├ 将烧杯取出，小心烫伤，再把之前准备好的薄荷咖啡液倒入烧杯中。

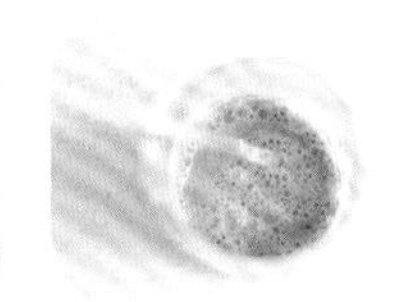

7 ├ 用玻璃棒不停地搅拌，让其暂时混合为一体。

8 ├ 这时倒入高岭土，并用玻璃棒搅拌均匀，待冷却后就可以使用了。

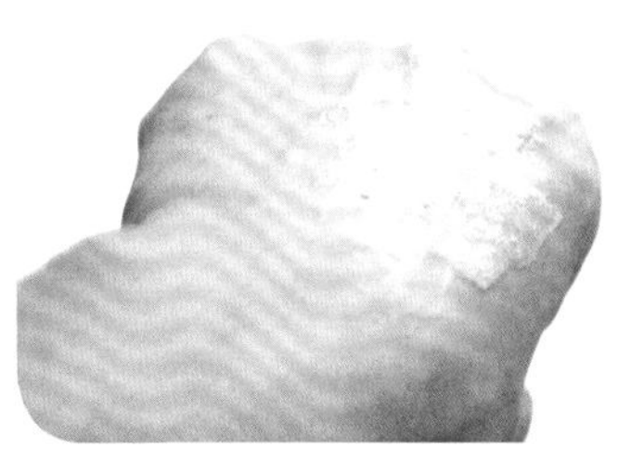

9 ├ 使用前可以先小范围地涂抹在手背上测试一下是否会过敏，如果第二天没什么不适，就可以放心用于脸部。事实上，绝大部分人不会对这款面膜过敏，之所以需要测试是出于严谨，我们很多人在测试过敏原之前都不知道自己对什么东西会过敏。

悠闲时光

这款面膜中的薄荷具有收敛功效，而咖啡可以促进皮肤的新陈代谢。咖啡粉最好用现磨的，如果没有就只能用速溶咖啡来代替了，不过效果会差一些。这款面膜其实也存在一点问题，就是味道不是很好闻，如果想要好闻则可以加入香精，但我并不建议这么做，一般我都希望尽可能地用最天然的材料来做护肤品，有些合成的或者提取物质的加入是不可避免的，比如胶原蛋白，让我们自己用天然的方法做出来那不太现实，但完全可以避免一些人工合成物，比如香精、色素之类。这款面膜涂到脸上的时候会闻到羊毛脂比较强烈的味道，但是过一会儿习惯就好了，很多著名的面膜都有一定的气味，比如用死海淤泥或者火山灰制作的面膜也是这样的。

迷迭香

迷迭香消炎皂

淡淡的草本清香带来大自然的馈赠，这就是用迷迭香制作的天然手工皂，而且用玫瑰样子的模具做出来绝对惹人喜欢，当然也可以按照自己的喜爱做别的形状的，不管哪种样式的手工皂，只要亲手制作的，都会有一种成就感。

适用对象：油性肌肤、干性肌肤。

保质期：24 个月。

所需材料

迷迭香橄榄油 210g（迷迭香橄榄油是由迷迭香浸泡在橄榄油中一个月后所得）

椰子油 45g

葵花籽油 30g

月见草油 15g

清水 100g

氢氧化钠 37g

新鲜迷迭香枝条 2 根

将干燥的迷迭香浸泡在橄榄油中至少一个月才能将迷迭香中的有效成分溶入到橄榄油中，因为在制作这款迷迭香消炎皂时会用到迷迭香橄榄油，所以一定要提前准备好。

制作步骤

1 取一个不锈钢锅，在其中倒入迷迭香橄榄油。

2 然后依次加入椰子油、葵花籽油和月见草油，备用。

3 将新鲜迷迭香枝条置于烧杯中。

4 加入沸水冲泡。

5 待稍冷却后将迷迭香枝条捞出，并加入氢氧化钠，这一步一定要小心且缓慢地进行，为了防止溅起的液体飞入眼睛，最好带上护目镜操作，如果溅起的液体弄到手上，立即用大量清水冲洗，无论如何请大家记住，安全第一。

6 随着氢氧化钠的加入，液体的温度会不断升高，为防止烫手，可以将烧杯放到一个盆中，在盆中放入自来水，帮助其加速冷却，同时用玻璃棒不断搅拌，使氢氧化钠充分溶解。

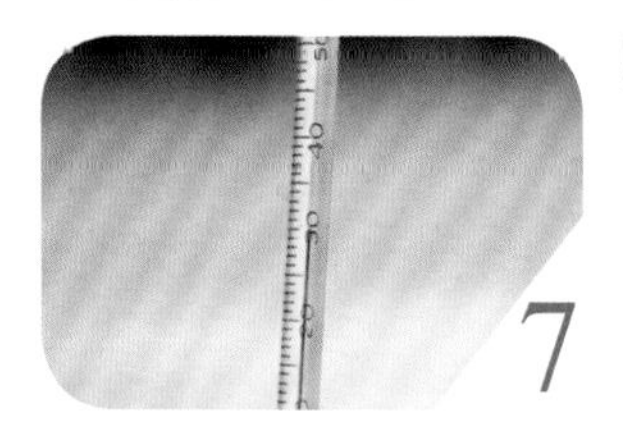

7 这时我们需要借助温度计时刻观察温度，当氢氧化钠溶液温度降至35度以下时就可以倒入混合油品中了，因为这个温度不会破坏油品中的有效成分及营养物质，用这样的方法制作出来的手工皂又称冷制皂。

8 将冷却下来的氢氧化钠溶液一边倒入混合油品中，一边不断搅拌。

9 搅拌时沿着同一方向，而且要用温度计实时测量温度，如果温度超过35度，最好把不锈钢锅坐于盛有凉水的盆中。

10

├ 接下来的搅拌就是一个漫长的过程，请大家保持耐心，具体要搅拌多久呢？答案是视情况而定。但是一般搅拌时间都不得少于40分钟，因为搅拌可以让油品与碱的皂化反应加速进行，当我们感觉到混合溶液比较粘稠，而且搅拌后液体表面的波纹不会立刻消失并且溶液挂在锅壁上不会流下来的时候就差不多了。

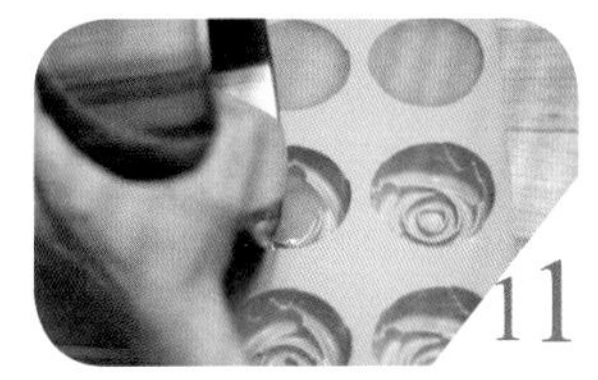

11

├ 将皂液倒入皂模中，模具可以使用硅胶模具或者木制模具，硅胶模具在脱模时比较方便，如果家里有烤蛋糕的硅胶模具也可以用，只要不太小就可以。

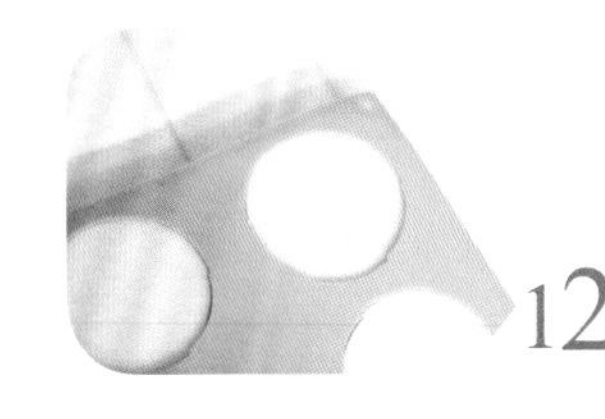

12

├ 将完成后的模具放置在平稳的地方，一天后，我们就会看到已经完成的迷迭香消炎皂了，而且这时的颜色是白色的，并不是当初皂液的灰色。也可以用手稍微触碰一下，如果比较软可以继续放置一两天，当感觉比较硬时就可以脱模了，脱模后的肥皂可以放在油纸上，置于阴凉通风处，静置 6~8 周后即可使用。

悠闲时光

因为手工皂的制作周期长、制造原料贵等原因，市面上出售的价格都比较昂贵，但同时我们也可以看到在提倡健康生活的今天，人们越来越注重天然的东西，市场上手工皂也是层出不穷，很多手工皂也做的非常漂亮，但是请大家擦亮眼睛认清楚，天然的冷制皂一定不是透明的，透明的肥皂其实使用了皂基。而自己在家做的手工皂使用了冷制皂的工艺，使得其中的营养成分最大程度地得到了保留，而且含有工业化生产肥皂中所缺乏的甘油，甘油可以护肤，再加上漫长的等待与我们所倾注的心力，这些都是非常珍贵的，用来送人也是不错的选择。

这款手工皂的功效特别突出，橄榄油中所含有的维生素、蛋白质都很丰富，尤其是有一种叫角鲨烯的物质非常珍贵，适用于各类肌肤，而且洗的时候泡沫绵软细腻，保湿效果很好。此外，其中含有的椰子油清洁能力强，特别适合容易出油的肌肤使用；葵花籽油中维生素 E 含量高、保湿效果好；月见草油的护肤效果显著，可以让皮肤变得细腻光滑；迷香则具有杀菌消毒、对抗老化肌肤的作用。

迷迭香马鞭草清新漱口水

这是一款制作方法非常简单的漱口水，平时花费一点时间，抽空拿家里种植的香草做出这么一款清新的漱口水来，每天早上或者饭后就可以使用了。

适用对象：所有人。

保质期：常温下3天，放入冰箱可保存一周。

所需材料

新鲜迷迭香枝条2根（长度10cm）

新鲜柠檬马鞭草1根（长度15~20cm）

清水200ml

食盐1/4小勺

制作步骤

1

将新鲜迷迭香枝条、新鲜柠檬马鞭草依次放入可以加热的器皿中，不锈钢锅或玻璃容器都可以，但最好不要用铁器，这和煮中草药是一样的道理，主要是为了避免铁与草药发生化学反应，我这里用的是圆底烧瓶。

2

在圆底烧瓶中注入清水，放置到光波炉上加热。

3

看到瓶中的水开始沸腾时就可以把火关掉了。

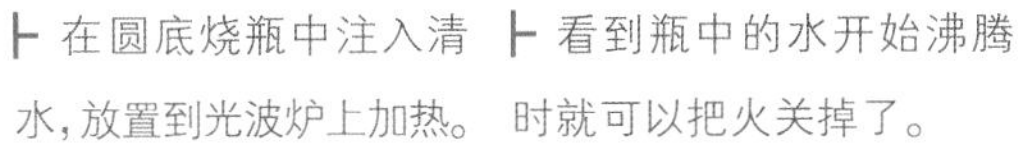

4

关掉火后瓶身还很烫，可以等到稍微冷点儿的时候再取下。

5

在冷却后，加入食盐，摇晃瓶身，使食盐化开。

悠闲时光

迷迭香具有消炎杀菌的功效，再加上柠檬马鞭草清新口气的作用，使得这款漱口水的价值很高，但保质期不是很长，最好3天内用完。如果每次吃完东西后都会用来漱漱口，一次性做好的差不多也就是一天的量，可以现做现用，既方便又卫生。

迷迭香洗面水

一般像这样的洗面水我都是现做现用，其实挺方便的，早晨起来剪下几根新鲜的枝条，一会儿就能做好，然后洗脸的时候就可以用上了。

适用对象：除老化肌肤外的所有人。

保质期：现做现用。

所需材料

迷迭香枝条 3 根，迷迭香精油 2 滴

清水 200ml

制作步骤

1

将迷迭香枝条放在清水中煮开，不用盖上锅盖，蒸汽还可以用来蒸脸，沸腾后将火关掉，然后倒入瓶中。

2

滴入 2 滴迷迭香精油，使用前用力摇晃几次溶液就可以了。

悠闲时光

迷迭香中含有的活化肌肤的成分，若长期使用对皮肤很有好处，我一般会在洁面的最后一步用，用迷迭香洗面水把脸上的泡沫洗干净，然后轻轻拍打脸部，使剩余的水分吸收，这样连爽肤水都可以省了。需要说明的是，由于加入了迷迭香精油，所以在使用前要用力摇晃几次，目的是让油水充分混合。

柠檬香茅

柠檬香茅驱蚊水

在蚊虫多发的夏季，这几乎是我家必不可少的驱蚊剂，而且因为采用的是纯天然的配方，所以不必担心对身体有害。保质期为两周，但夏天用的比较频繁，几乎不到两周就用完了。

适用对象：需要防蚊的人都可以用。

保质期：两周。

所需材料

清水 200ml

柠檬香茅精油 10 滴

柠檬香茅 1 根（1 根差不多由 5~6 枚叶片组成）

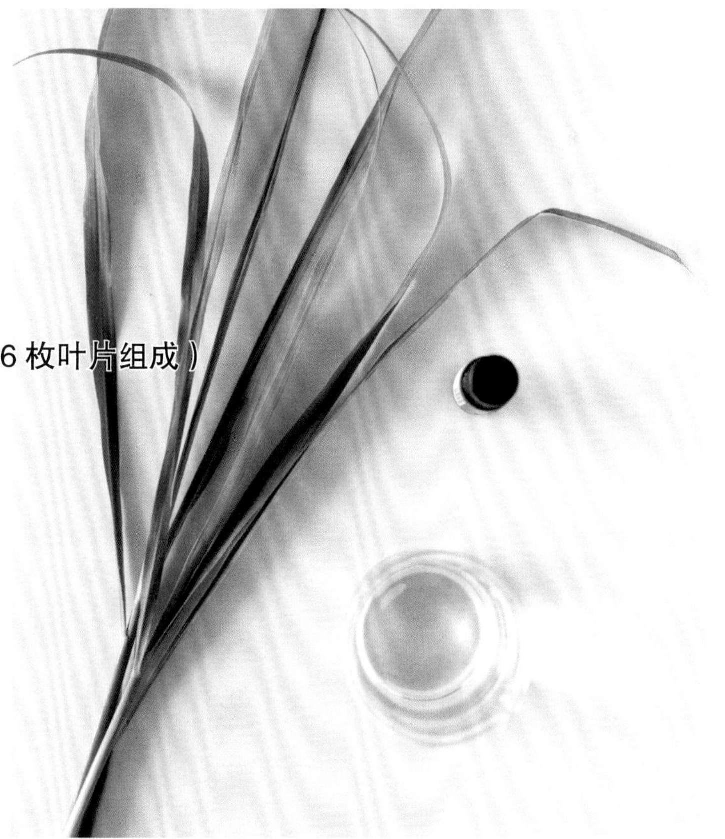

制作步骤

将柠檬香茅剪成段，如此可以令叶片内的有效物质释放得更充分。

把柠檬香茅段和清水加入烧杯中，放在电陶炉上加热，待烧开后继续煮 2~3 分钟，时间不要太久，否则其中的有效成分会大量挥发掉。没有烧杯就用一个干净的没有油的不锈钢锅在灶台上完成这一步。

煮好后，把叶片捞出来等待冷却。

冷却后倒入深色的喷雾瓶中，这里用的瓶子规格为 100ml。

滴入柠檬香茅精油，只有在液体冷却的时候才能开始这一步，否则高温液体会让精油很快挥发，这样损耗会很大，之后旋好瓶盖保存。

悠闲时光

使用前先用力将瓶子来回搓揉几次，让精油分子扩散，然后再直接使用。注意精油的比例不可过高，否则可能会刺激到皮肤，因为精油本身已经是高浓度的了。一般，可以喷洒在衣物或者房间内以达到驱蚊的作用，但应避免喷雾喷到眼睛。

澳洲茶树

茶树抗痘凝胶

用澳洲茶树煮出来的汁液或是精油都具有杀真菌、抗发炎的作用，特别适用于需要改善青春痘的油性肌肤，而且制作方法也不复杂，想改善自己皮肤的朋友可以试着用一用。

适用对象： 油性肌肤、容易长痘的肌肤。

保质期： 放入冰箱冷藏约 15 天。

所需材料

新鲜澳洲茶树枝条 5 根（长度 10~15cm）

清水 300ml

澳洲茶树精油 2~3 滴

胶原蛋白原液 1ml（约 20 滴）

汉生胶 2g

制作步骤

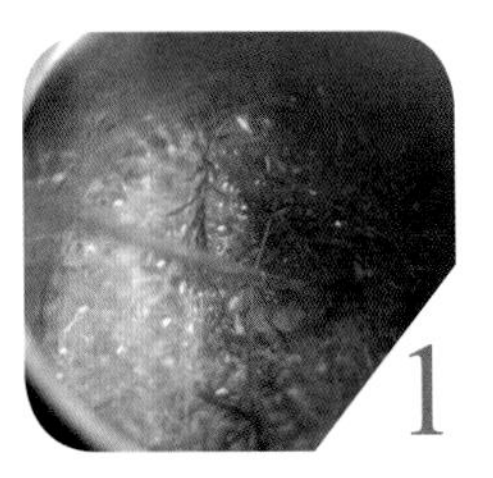

├ 将新鲜澳洲茶树枝条与清水放入不锈钢锅中，加热至沸腾，再继续加热 10 分钟。

├ 熄火后，趁热将溶液倒入烧杯中，只需要 100ml 就可以。

├ 将汉生胶倒入烧杯内，并且不停地用玻璃棒搅拌。

├ 一定要趁热将汉生胶完全溶解，之后随着温度的下降，能看到原来的液体会变成类似凝胶状的物质。

├ 这时滴入澳洲茶树精油以及胶原蛋白原液，再用玻璃棒搅拌均匀，冷却至室温后倒入面霜盒中，放入冰箱冷藏保存，保质期约 15 天。

悠闲时光

做好的成品如果没有添加抗菌剂，一定要密封保存，然后再放入冰箱冷藏室，否则几天后就会变质。

顺便说说关于精油的问题。现在市面上充斥着各种价位、各种品种的精油，其中不乏有人工调和出来的香味或者掺杂别的化学成分制成的精油，对于这样的精油我们可以初步判断为假冒伪劣品，这样的精油使用时不但不会给我们的身体带来益处，反而会损害我们的健康，大家在购买精油时一定要认清楚。如果对这方面没什么了解，可以选择由知名精油厂家提供的精油，这样在品质上又多了一重保障。另外，本章中提到的精油皆是纯度为 100% 或者接近 100% 的单方精油，和专门用于香薰的精油需要区分开来，通常用于香薰的精油并不适合外用或者内服，而单方精油用来熏香则是没什么问题的。此外，比较负责的厂家会在生产标签上注明是单方精油或是专用于香薰的精油，请大家购买时一定要注意。

茶树消炎喷雾

利用澳洲茶树制作的消炎喷雾通常适用于容易出油或长痘的肌肤。这款喷雾还便于携带，可以放在随身的包包里，想用的时候就拿出来喷一喷，非常方便。

适用肤质： 油性肌肤、长痘肌肤。

保质期： 12个月。

所需材料

医用酒精（酒精含量75%）**200ml，蒸馏水200ml**

新鲜澳洲茶树枝条5~6根（每根长度10~15cm）

澳洲茶树精油10滴

制作步骤

1 ├ 将新鲜澳洲茶树枝条放入烧杯中。

2 ├ 在烧杯中倒入医用酒精，量最好淹没澳洲茶树枝条，如果枝条过长可以剪成几段。

3 ├ 用保鲜膜将杯口封住，放置24小时，使茶树中的有效成分被萃取出来。

4 ├ 把经过酒精浸泡的澳洲茶树叶捞出来，这时我们可以看到原本绿色的叶片变成了黄绿色，而无色的酒精则变成了绿色。

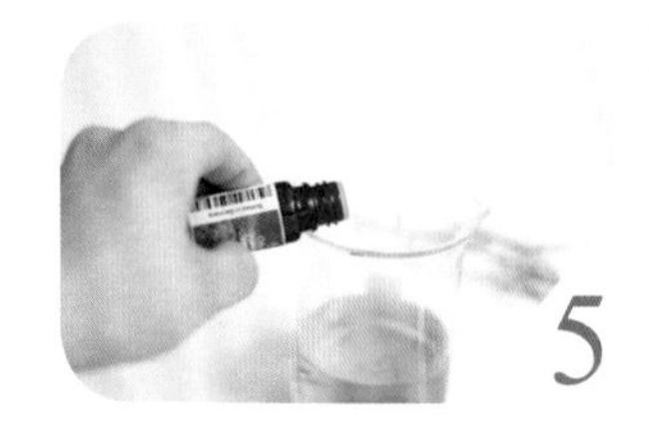

5

├ 在酒精中滴入澳洲茶树精油，用玻璃棒搅拌均匀后再倒入 200ml 蒸馏水，使其融为一体。

6

├ 把溶液倒入到喷雾瓶中，这样就制作完毕了。

悠闲时光

用的时候只需要按下喷雾即可，十分方便。值得一提的是这款消炎喷雾由于利用了酒精，再加上茶树本身具有杀菌功能，所以保质期长达一年，但还是建议在半年内用完。它除了可以用于面部肌肤外，还能用于身体部位，比如哪里被蚊虫叮咬后就可以拿来喷一喷，消肿止痒的效果很不错呐。

玫瑰

玫瑰花瓣浴

不论是真正的古典玫瑰还是月季亦或是蔷薇（以下统称玫瑰），其花瓣都可以用来泡澡或者洗脸。玫瑰花瓣几乎对我们的皮肤没什么刺激性，即便是提炼出来的玫瑰精油也是如此，算是一种可以广泛使用的香草。

适用对象：所有人。

保质期：现做现用。

一般，自己在家种玫瑰的话，等开花后一次性就能收获很多，这时可将它们用于个人护理，比如自己动手制作玫瑰纯露，也有人和我说可以用来提炼精油，理论上是可以提炼出来的，但基本上不具有实践性，因为3000~5000公斤的玫瑰花瓣才可以提炼出1公斤的玫瑰精油，这也是玫瑰精油昂贵的原因。还有一种更简单的玫瑰花瓣利用方式，就是用花瓣泡澡。

用玫瑰花瓣泡澡确实是个不错的选择，尤其对于充满疲惫想要迅速解乏却又懒得动手的人来说更是一个简便可行的方法。只需要在浴缸中放上热水，然后撒上花瓣就可以了。玫瑰花瓣浴在皮肤保养方面很有好处，而且适用的肌肤比较多，敏感肌肤也可以用，刺激非常小。此外，泡澡还可以放松我们的身心，能达到迅速解乏、舒缓工作和生活中各种压力的目的，如果某一天你心情比较抑郁或者沮丧，不妨来一次玫瑰花瓣浴，在一池玫瑰花中很快就会变得再次开心起来。

玫瑰花酸奶面膜

如果收获了很多玫瑰花，不要怕用不掉，有很多种方式可以将它们解决掉，除了泡澡、做纯露外，用来敷面膜也是不错的哦，而且做面膜特别简单。

适用肤质：除受损肌肤外的所有肤质。

保质期：现做现用。

所需材料

新鲜玫瑰花 10 朵（以大马士革玫瑰为最佳，这里用的是印度红玫瑰）

陶臼（我经过多方查询才弄明白这个工具的确切名称，
之前一直不知道叫什么，就这么稀里糊涂用了这么多年，实在汗颜）

酸奶 1 小勺

制作步骤

├ 将新鲜玫瑰花洗净后放入陶臼中。

├ 接下来就是一个类似舂米的过程，用杵不停地上下捣，将花瓣捣烂。

├ 这是一个比较花功夫的事情，但也就大约5~10分钟，目的是将花瓣中的植物纤维彻底破坏，使其变成泥状物，这样才能涂到脸上去，记得一定要捣烂。

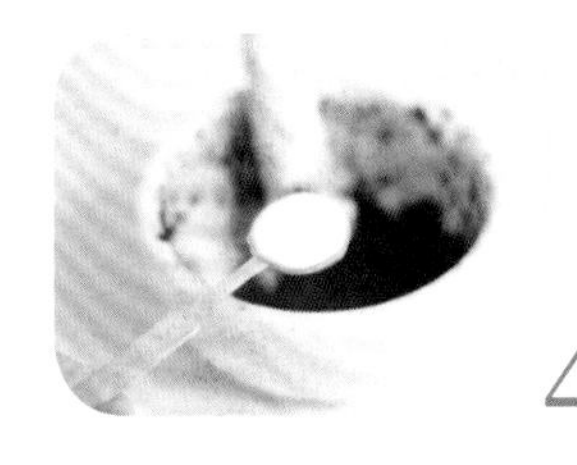

├ 在捣烂后的花瓣中加入1小勺酸奶，拌匀后就可以用了。

悠闲时光

这款玫瑰花酸奶面膜的保质期为2天，不过不要担心用不完，因为这么多的花瓣捣碎后其实也没剩多少了，差不多是一次的用量。具体用法是将脸洗净后，擦干，将玫瑰花酸奶面膜均匀地涂在面部，约10分钟后，用清水洗去，然后再按照日常护理进行即可。注意，这款面膜敷的时间不宜过长，如果面膜干了反而会从肌肤中倒吸水分。敷过面膜后肌肤容易失水，所以在洁面后应迅速拍上爽肤水，然后是乳液或者乳霜，以利于锁住肌肤的水分。

金盏花

传统品种的金盏花

经过园艺改良后的金盏花品种观赏效果非常好

金盏花油

制作金盏花油十分简单，只要将金盏花采下晾干后放入到橄榄油中进行浸泡就可以了。

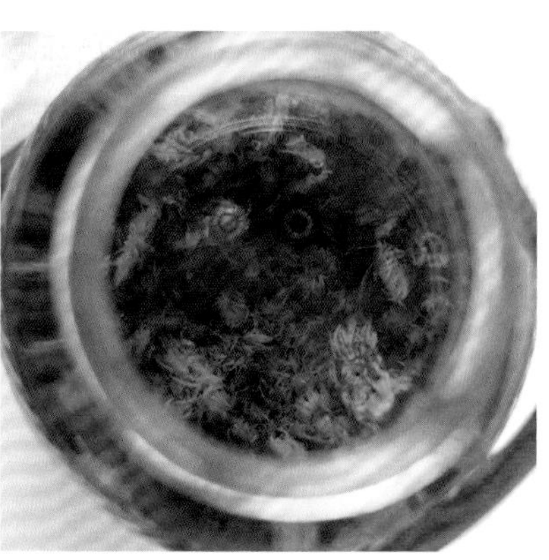

需要注意的是，在浸泡之前应将花朵晒干，这是为了保证在浸泡的过程中，花朵中的水分不会和油混合而产生腐败。

通常金盏花橄榄油至少浸泡3个月后效果才比较好，它的保质期为36个月，比较久。有了这款金盏花油我们可以用它来制作金盏花抗痘霜或金盏花抗痘洁面皂。

金盏花抗痘洁面皂

制作手工皂的过程可能稍微长一些，但也没有想象的复杂，不过需要准备的材料比较多，但一次性可以多做一些，这样可以放着慢慢用。其实，做手工皂也是蛮有乐趣的一件事儿，可以选用一些特色的或者自己喜欢的皂模，做出可爱的 kitty 形状、有爱的心形等，看着就萌萌的。

适用肤质：长痘肌肤、油性肌肤。

保质期：24 个月。

所需材料

金盏花油 360g

椰子油 120g

荷荷巴油 60g

鳄梨油 60g

金盏花纯露（可用金盏花茶代替）**200g**

氢氧化钠 83g

制作步骤

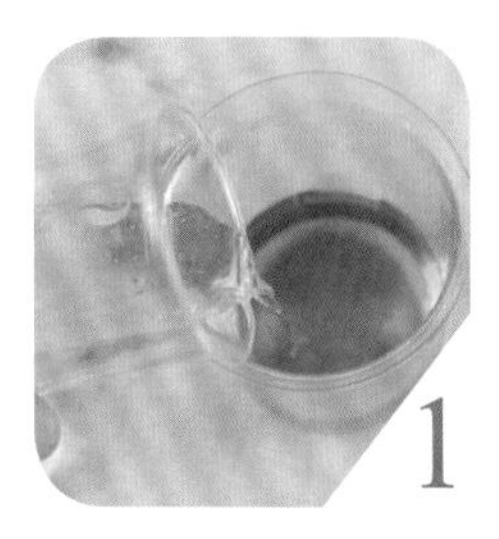

1 将称好的金盏花油、椰子油、荷荷巴油和鳄梨油倒在一个大烧杯中，这里选用的是1000ml的烧杯。

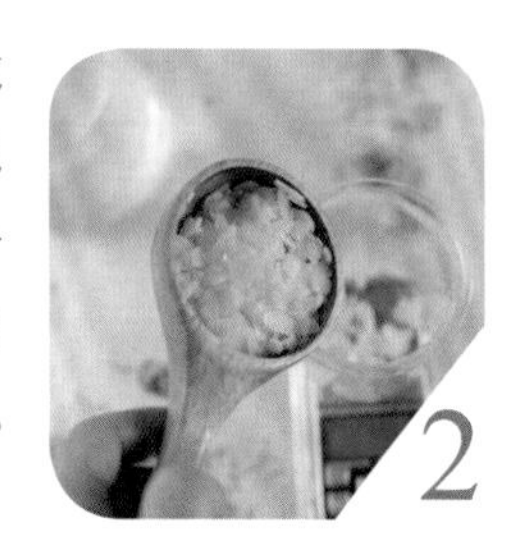

2 将氢氧化钠倒入到金盏花纯露中，如果是金盏花茶的话一定要等到冷却后再加入，否则在滚烫的茶水中加入氢氧化钠会使氢氧化钠释放大量的热量，势必会引起液体溅出，这一点必须注意。此外，在操作这步时最好戴护目镜，然后等待氢氧化钠溶液冷却。

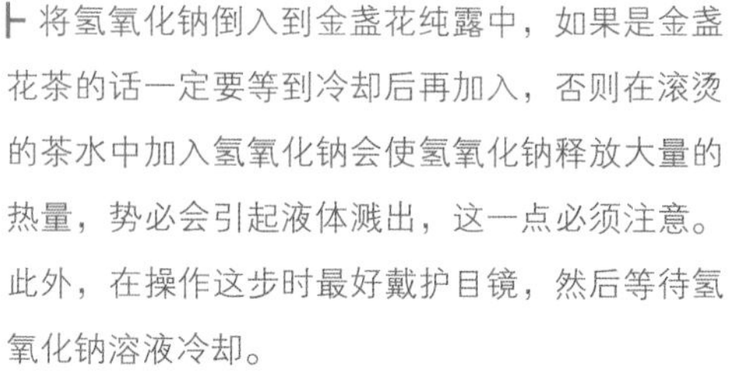

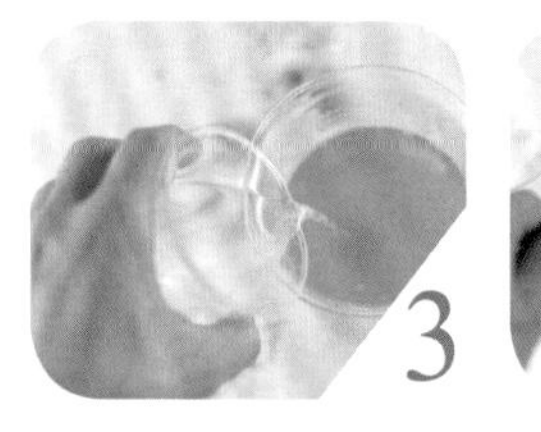

3 将冷却后的氢氧化钠溶液放入之前混合好的油品中。

4 这时候最辛苦的时刻到来了，又要不断地搅拌啦，这个过程大约需要持续一小时，直到混合液变得黏稠起来，黏稠到什么程度呢，提起打蛋器后滴下的皂液会在皂液表层留下痕迹但不会立即消失就行了。

5 然后将皂液注入模具即宣告完成，两天后感到皂比较硬了就可以脱模了。用油纸包好放置在通风处即可，无论是送人还是自用都不错。

悠闲时光

这款金盏花抗痘洁面皂在维持洗净能力的同时也因为加入了鳄梨油和荷荷巴油而具备了修护受损肌肤以及倍加呵护肌肤的作用，通常长痘的肌肤都会存在不同程度的皮肤损伤，所以在对抗痘痘的同时我们也要进行一些补救，这款手工皂就十分适合。手工皂的保质期通常比较长，但是请在制作2个月后开始使用，在此之前请勿使用。

金盏花抗痘霜

前面提到过金盏花在抑制痘痘方面有着卓著的功效，那如果将金盏花油制作成平时用的面霜岂不是更方便?不然我们总不能将油涂得满脸都是啊，很不美观的，而且自己也感觉难受。

适用肤质：长痘肌肤、油性肌肤。

保质期：放入冰箱可以保存 3 个月。

所需材料

金盏花油 13g

金盏花茶 85g

冷作型乳化剂 2g

金盏花精油 8 滴

制作步骤

1 用开水冲泡好金盏花茶后等其冷却，可以泡得浓一点，这样效果会更好。

2 在金盏花油中滴入金盏花精油。

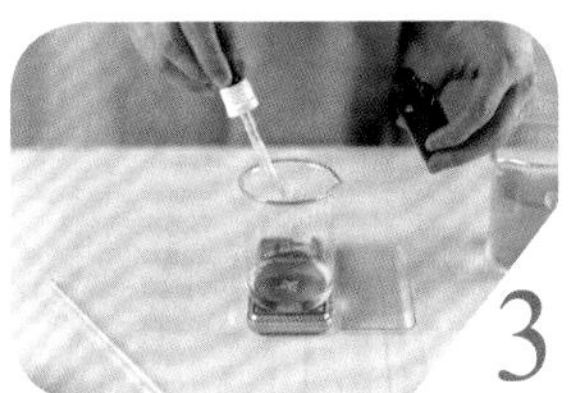

3 加入冷作型乳化剂。

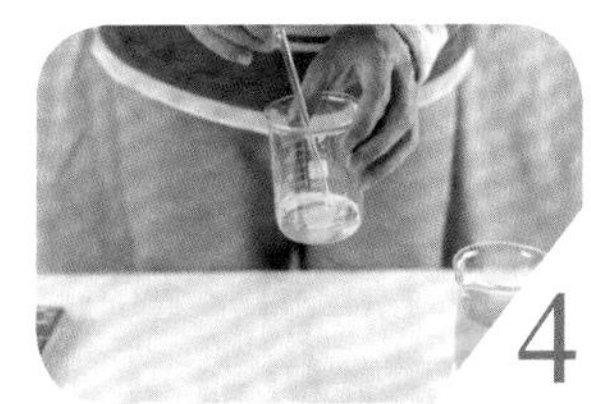

4 滴入乳化剂后开始搅拌，搅拌均匀后放到一边，备用。

5 将之前泡好的金盏花茶用筛子将花瓣过滤掉，因为花瓣加入到面霜中会令其保质期变短。

6 将之前加入乳化剂的金盏花油倒入金盏花茶里，而且要不停搅拌，直到乳化完成，看到出现的霜体均匀细腻后再停止搅拌。

7 将霜体倒入面霜盒中，放入冰箱冷藏保存，保质期可达 3 个月。记住不要放在冰箱门的边上，因为冰箱门经常开，温度变化比较大，这样会影响到霜的保质期。

悠闲时光

制作天然护肤品的好处就在于我们可以根据自己的需要来做，并且能随用随做，很是健康和方便。这款霜非常细腻，我将它涂抹在手背上很快就会吸收。而且，此款产品的滋润性也很好，我配制了几瓶用不完，就当护手霜用了，反正别浪费，但是一旦超过保质期就不要再用。

我想和你们聊一聊

这本书是我在 2012 年上半年就开始构思的，当时我正在写第一本书《小阳台大园艺》，看过那本书的朋友会发现整本书中香草基本占了半壁江山，这是由于我对香草的喜爱。其实，之所以这么迷恋香草，一方面是可以欣赏它们美丽的样子，另一方面也是最重要的一点是因为每种香草都可以在我们的日常生活中用到，不管是食用，还是进行皮肤护理，都可以。与其说这是一本香草书，不如说更是一本香草使用手册，我在书中将自己平时用香草做的一些甜品、热菜、小零食、烘焙类食品、主食等都收录进来，就是想教给大家怎么运用这些美丽的植物为我们的饮食增加一点小趣味。除了这些，还有专门一部分是用来手把手教大家怎么做手工皂、蜡烛、润唇膏、润手霜、爽肤水之类的，很多人在没做之前会觉得做起来特别费劲，其实不然，我这里做的都是比较简单的，不需要费多少时间或者用多复杂的器皿就能够做出来。况且自己做必然是比外面买的更天然一些，也更放心一些。有时候自己动手做，并不是为了节省多少钱，而是动手做的过程本身就有一种乐趣，我们已然在平时繁忙的工作中失去了一些生活本来应该有的趣味，何不在业余时间做一些能增添生活乐趣的事情呢？周末，做一顿美味的饭菜，做一点饭后的小零食，而后做一支蜡烛，和你心爱的人一起在家吃一顿浪漫的烛光晚餐，会让自己的心情愉悦很多，也能带给她或他一点感动。这些也许就是所谓的小幸福。而后再重新出发，启程，带着更多热情去生活。

这本书在出版的过程中比之前几本顺畅很多，因为在磨合的过程中，逐渐跟编辑和设计有了共识。这本书的出版要特别感谢编辑于军琴，她是一位年轻且负责的编辑，在本书的校对过程中她费了很多心，有些我没有注意到的细节她都发现了，这是让我很感激的事情。我是一个完美主义者，始终认为事情可以做的更好的，本书在我眼中并不完美，因为她的付出却使得本书趋于完美，这份完美来自于大家的付出。

亲爱的读者，如果你看了这本书并且尝试将香草运用到生活中那便是我最大的满足，也是我写本书的初衷，有你们的支持才是我最大的动力，谢谢你们。

2015.1.8 凌晨

王梓天

图书在版编目（CIP）数据

香草系生活 / 王梓天著 . -- 北京 : 电子工业出版社 , 2015.1
（园艺・梦想・家）
ISBN 978-7-121-24648-7

Ⅰ . ①香… Ⅱ . ①王… Ⅲ . ①香料植物 – 栽培技术 Ⅳ . ① S573
中国版本图书馆 CIP 数据核字 (2014) 第 248393 号

策划编辑：于军琴
责任编辑：于军琴
印　　刷：北京盛通印刷股份有限公司
装　　订：北京盛通印刷股份有限公司
出版发行：电子工业出版社
　　　　　北京市海淀区万寿路 173 信箱　　　　邮编：100036
开本：889 × 1194　1/16　印张：13　字数：340 千字
版次：2015 年 1 月第 1 版
印次：2015 年 1 月第 1 次印刷
定价：59.80 元

凡所购买电子工业出版社图书有缺损问题，请向购买书店调换。若书店售缺，请与本社发行部联系，联系及邮购电话：（010）88254888.

质量投诉请发邮件至 zlts@pheiphei.com.cn，盗版侵权举报请发邮件至 dbqq@pheiphei.com.cn。

服务热线：（010）88258888。